# 每天学点
# 实用心理学

心理学无处不在，学会实用心理学，通透做人，智慧做事

李志敏 改编

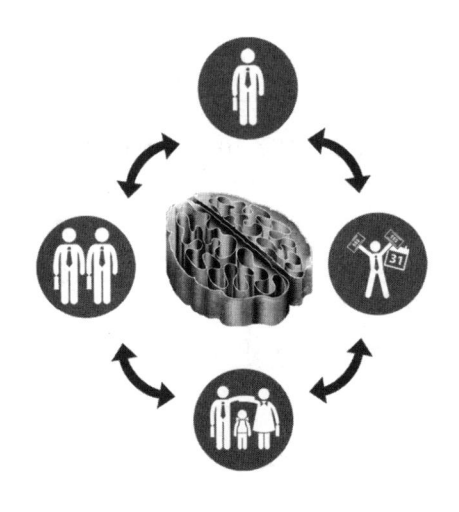

民主与建设出版社
·北京·

© 民主与建设出版社，2021

## 图书在版编目（CIP）数据

每天学点实用心理学 / 李志敏改编 . —北京：民主与建设出版社，2016.1（2021.4 重印）

ISBN 978-7-5139-0917-4

Ⅰ . ①每… Ⅱ . ①李… Ⅲ . ①心理学—通俗读物Ⅳ . ① B84-49

中国版本图书馆 CIP 数据核字（2015）第 271268 号

## 每天学点实用心理学

MEITIAN XUE DIAN SHIYONG XINLIXUE

| 改　　编 | 李志敏 |
|---|---|
| 责任编辑 | 王　倩 |
| 封面设计 | 天下书装 |
| 出版发行 | 民主与建设出版社有限责任公司 |
| 电　　话 | （010）59417747　59419778 |
| 社　　址 | 北京市海淀区西三环中路 10 号望海楼 E 座 7 层 |
| 邮　　编 | 100142 |
| 印　　刷 | 三河市同力彩印有限公司 |
| 版　　次 | 2016 年 1 月第 1 版 |
| 印　　次 | 2021 年 4 月第 2 次印刷 |
| 开　　本 | 710 毫米 ×944 毫米　1/16 |
| 印　　张 | 13 |
| 字　　数 | 130 千字 |
| 书　　号 | ISBN 978-7-5139-0917-4 |
| 定　　价 | 45.00 元 |

注：如有印、装质量问题，请与出版社联系。

# 前言 | PREFACE

时代在发展,社会在进步。

而这快节奏的生活,犹如一台日夜旋转的机器,让深处人生海洋中的你我,不能停下。

当华灯初上,倦鸟归巢,劳累了一天的人们都在寻觅栖身的港湾;当旭日东升,朝霞满天,万千陌生的人,又开始新的劳作。

——所以,曾经年少的你,意气风发,拼搏在旋转的舞台。

——所以,已经步入中年的你,依然踌躇满志,忙碌在神秘的所在。

——所以,已经苍颜白发的你,终于可以静下心来,望一眼匆匆的云彩。

……

"比大地更宽广的是海洋,比海洋更宽广的是天空,比天空更宽广的是人的内心"一个人之所以强大,并不是因为他学富五车,勇猛彪悍,而是源自于他心底的意志。

其实,人生是一个不断历练的过程。而那些所谓出人头地的人,只是因为他懂得如何去面对。在更多无人知晓的日子,要怎样走过风风雨雨,用智慧和胆识,开创了属于他的世界。

人生,本来就是一道难题。面对激烈的竞争,面对无奈与挫折,面对困顿与挑战,面对故乡与远方,面对时光与华年……,曾经阳光的你,是否还保留着不老的精彩?是否在内心的最深处,激荡着大海的澎湃?

有道是"青山不老,绿水长流"。但卑微或张扬的你,一定需要心灵的慰藉,需要温暖的手臂,紧紧拥抱。

——心理学,似乎很遥远,高高在上。其实,透过智者的目光,谁都可以获取其间的"钥匙",进而打开紧闭的家门。当你在生意场上裹足不前,或在职场中郁郁寡欢,请聆听来自那些山涧泉水的声音。而当你在拓荒的坡地里耕耘,或在金秋时节为生活抒情,请停下你的脚步,并静下心来,咀嚼这些文字的粮食,并让疲累的心,得到短暂的歇息。当一轮高高在上的月光,能在寂寥的夜里,用一抹清辉,伴随着你度过芜杂的寒暑,请回首来路,并向着远方,箭步而行。

　　是谁能给你勇气、希冀、以及登攀的力量和飞翔的翅膀?是谁催促着你一路走来,披荆斩棘,再苦再累,依然向前。也许,只有你自己。

　　"高贵的精神是不会停步不前的,它经常使人勇敢而无所畏惧"。

　　"一生中,最光辉的一天并非功成名就的那一天,而是从悲叹与绝望中产生对人生挑战与勇敢迈向意志的那一天"。

　　……

　　"不要以感伤的眼光去看过去,因为过去再也不会回来了,最聪明的办法,就是好好对付你的现在——现在正握在你的手里,你要以堂堂正正的大丈夫气概去迎接如梦如幻的未来"。

　　当这些成功者把他们的忠告留下来,把他们的得失感悟留下来,并把他们的祈愿与祝福留下来——置身于大千世界中的的你,怎么可以不仔细倾听?并在日后的岁月中,怀揣着自信去面对呢?

　　当烟云过后,还是要面对现实。当掌声过后,还是要继续赶路。一颗不甘寂寞的心,更需要慰藉,需要吸吮生命的乳汁,酝酿一场轰鸣,酣畅的大雨。

　　每天学点心理学,自己给自己疗伤,自己给自己喝彩。

　　每天学点心理学,寂寞无助的路上,会有一个人与你结伴而行;百尺竿头的事业,会有一如既往的冲锋……

　　每天学点心理学,让你的内心强大,充盈着战胜困难的冲动,洋溢着阳光的脸庞,并在你或精彩或无奈的时候,伴随着你出发和歌唱。

# 目 录

前言 …………………………………………………………… 1

## 第一章 自我的价值,在追求中绽放

01 在真实中,找回自己 …………………………………… 2
02 性格与个性,仿佛飞翔的翅膀 ………………………… 4
03 凸显自我,彰显个性 …………………………………… 6
04 活出真实的自己,才能活出精彩 ……………………… 7
05 相信自己,不随波逐流 ………………………………… 10
06 主宰自己的命运 ………………………………………… 12
07 坚持自我,赢得喝彩 …………………………………… 14
08 活给自己看 ……………………………………………… 16
09 江山易改,本性可移 …………………………………… 18
10 特立独行,实现超越 …………………………………… 20

## 第二章 心灵深处,塑造自我

01 审视自我,认识自我 …………………………………… 24
02 循序渐进,寻找自我 …………………………………… 27
03 认识自己,才可洞悉生活 ……………………………… 29
04 压抑的生活,是一把伤人的匕首 ……………………… 33

| 05 | 烦恼,只在一念之间 | 35 |
| 06 | 觉察,人生的必修课 | 37 |
| 07 | 强大的内心,需要一个声音来唤醒 | 40 |
| 08 | 面对故鬼,要毅然走出去 | 42 |
| 09 | 快乐之法在于内心的平静 | 44 |
| 10 | 心中的门,要用心去开启 | 46 |

## 第三章  聆听心音,分享成功

| 01 | 山高人为峰,做最好的自己 | 52 |
| 02 | 握紧心灵的钥匙,扬帆远航 | 54 |
| 03 | 孤独——难得的"花开" | 57 |
| 04 | 调整心态,快乐前行 | 59 |
| 05 | 沉默——为生活打开一道出口 | 60 |
| 06 | 习惯,成败之间的利剑 | 63 |
| 07 | 正确的思考,是改写成功履历的通途 | 65 |
| 08 | 换一种"角度"看事物 | 67 |
| 09 | 逆向思维可以改变世界 | 68 |
| 10 | 平和的情绪,是迈向成功的第一步 | 70 |
| 11 | 用睿智的心态去面对,生活依然别有洞天 | 72 |
| 12 | 认定自我,拨云见日 | 74 |
| 13 | 拥有纯真的心态 | 77 |
| 14 | 想象力是不可缺失的灵感 | 79 |

## 第四章  潜能,伴你走向成功

| 01 | 挖掘自己的优势 | 82 |
| 02 | 把握信念,实现自我 | 85 |
| 03 | 每个人的内心,都有一盏不灭的灯 | 88 |
| 04 | 拆换掉性格的"短板" | 91 |

05　对症下药,破解内心的困顿 ………………………… 94
　　06　爱好,是最好的老师 …………………………………… 95
　　07　扬长避短,怀揣着信念追寻 …………………………… 98
　　08　脚踏实地,才是获取成功的"诀窍" …………………… 100
　　09　微笑面对人生,人生回报你微笑 ……………………… 103

## 第五章　他人的崇拜,是你人生的动力

　　01　自卑——人生路上的浅滩 …………………………… 108
　　02　找准自己价值的突破口 ……………………………… 110
　　03　只有超越自卑,才能超越极限 ……………………… 112
　　04　爱别人也是在爱自己 ………………………………… 115
　　05　聆听天使的声音 ……………………………………… 117
　　06　滚滚的力量,源自友谊的支撑 ……………………… 119
　　07　人生的快乐,是你内心的坦途 ……………………… 122

## 第六章　远方,依然有追风的少年

　　01　态度决定你的走向 …………………………………… 126
　　02　不同的思维,造就不同的生活 ……………………… 129
　　03　常规——束缚个性的枷锁 …………………………… 131
　　04　做自己的经纪人 ……………………………………… 134
　　05　专业形象,赢得自信和成功 ………………………… 136
　　06　目标,永远是远方的灯塔 …………………………… 140
　　07　付诸行动,才是实现理想的基石 …………………… 143
　　08　个体永远是沧海之一粟 ……………………………… 145

## 第七章　困境与挑战,人生的"风景"

　　01　只有脚踏实地,才能抵达远方 ……………………… 150
　　02　失败只是成功前的一次颠簸 ………………………… 153

03 坦然处之,直面生活的纷扰 …………………… 155
04 实力,才是赢得别人尊重你的唯一理由 ……… 158
05 向着一个目标努力,成功的概率更高 ………… 160
06 甩开"包袱",才能打破现状 …………………… 163
07 如果无法突破极限,不妨换一种方式尝试 …… 165
08 张弛有度,感悟生活 …………………………… 168
09 失败和挫折,轻轻吟唱的一首歌 ……………… 170
10 用游戏的心态,面对人生 ……………………… 173
11 宽容和放下,是医治创伤的良药 ……………… 175
12 善待身边的人,才能更好地融入到工作之中 … 178
13 幸福的人生,其实是简单的生活 ……………… 181

## 第八章 惬意的人生,属于你我

01 思想的高度,决定"命运"的高度 ……………… 184
02 在通往成功的路上,成长是灿烂的花开 ……… 187
03 改变,是永远不变的主题 ……………………… 190
04 走出"雾"的误区 ………………………………… 192
05 小勇气,可以创造出大成就 …………………… 195
06 执着,不可缺失的坚守 ………………………… 197

# 第一章

## 自我的价值，在追求中绽放

世间万物皆有不同，任何生命都有自己独特的个性。"一花一世界"，正因为个性的存在，才构成了多彩的生命，才形成了社会上形形色色的人，一个人如若失去个性，生命的意义将是一片空白。

每个人只有一次生存的机会，都是不可重复的存在。正像卢梭所说的，上帝把你造出来后，就把那个属于你的特定的模子打碎了。名声、财产、知识等都是身外之物，人人都可求而得之，但没有人能够代替你感受人生。你的人生是否有意义，衡量的标准不是你取得了多少财富，而是你对人生意义的独特领悟和个性的坚守，从而使你的自我绽放出个性的光华。

## 01　在真实中,找回自己

> 每个人都有他的隐藏的精华,和任何别人的精华不同,它使人具有自己的气味。
>
> ——罗曼·罗兰

当熹微的阳光从东方升起,新的一天,就这样开始了。面对曾经的过往和无限美好的每天,我们是否要用一份自信和执著,去迎接新的生活和挑战呢?

在我们每个人的一生中,都不可避免地经历这样的日子,或许你现在依然如故,那么你是幸运的。然而随着年龄的增长,生活的繁重,工作的压力,诸多的烦恼不期而至,愁云渐渐锁上眉梢,城市的喧嚣吞云吐雾一样裹挟着巨大的诱惑让你在不觉间迷失了自我。那个赤脚奔跑在田野上的小女孩不见了,那个指点江山、意气风发的少年一去不返。我是谁?我来自何方,我又去往何处?这样充满哲学意味的思索弥漫在上帝观照下的人类的旅程里,这样的事实又时刻提醒人们找回迷失的自我,打开蒙尘的心灵。也许只有精神世界是人类唯一的家园。

一个问题被提出来:作为生命个体的——你,我,他,到底应该怎样去面对生活?

每个生灵的生命都是美的。人是有灵性的动物。自从有了你我的概念,作为生存个体的不可替代性就凸显出来,自我意识被强调的同时,也会有许多人被重复和惯性的生活搅扰着随波逐流走向另一个极端。主要表现为刻意模仿和盲目牵就两个方面。生活中总有些人会去模仿别人,忘记自身的特点,常常看见别人穿的衣服很漂亮,也会去买,但穿在自己身上是否合适,却不去考虑。总觉得凡事都是别人的好,结果反遭人嘲笑。事实是你可以模仿别人,但不可以一味地进行模仿。不要活在别人的影子里,你就是你,不是别人的翻版。还有一种人,天性过于良善,对别人总是有求必应,

● 第一章　自我的价值,在追求中绽放

不管这件事如何打乱了自己的生活秩序,甚至对自己造成损失也在所不辞。这其实也是一种因软弱而丧失自我的表现。所以我们首先要学会爱自己,只有好好爱自己,才能正确地去爱别人,爱生活。

也许你很平凡,因为你和别人一样吃喝拉撒,拥有七情六欲;你又有所不同,你是不同朋友圈子的一员,拥有不同的亲情氛围,你有独特的生存体验和思维方式。悲观、失落那是悒郁时的你,开朗、热情那是激情澎湃的你。你的每一分细微的感受都在影响着自己,有时也影响着周围的人,因为你的存在就是为了实现自我的价值,你的每一种行为别人都无可替代,因为世界上只有一个独特的你。

大踏步地向前走,留下属于自己的脚印,才能够活出真正的你自己。我们每个人的个性、形象、人格都有其潜在的独特性,我们完全没有必要去一味嫉妒他人的优点。在每个人的成功过程中,一定会在某个时候发现羡慕是无知的,模仿就意味着自杀。不论如何,你都必须保持本色。

## 心灵感悟

大自然既然造就了每一个人,就赋予了每个人独特的、不同于别人的容貌、身材、气质、聪慧。也许你会觉得自己太平凡、太普通,但是,你应该对自己有信心,相信你是独一无二的,你所能做的事将是别人无法替代的。

3

## 02　性格与个性,仿佛飞翔的翅膀

> 要测量一个人真实的个性,只须观察他认为无人发现时的所作所为。
> ——麦考莱

如果要给"个性"下一个定义,那就只能说是在特定的社会条件和教育影响下形成的一个人比较固定的特性,而不是说一个人越是行为异于他人就越有个性,也不是说一个人的性格越暴躁就越有个性。否则,所有的精神分裂症患者或歇斯底里症患者都可以称之为有个性。所以,不要错误地将个性定义为异于常人。只有活在自己意志中的人才可以称之为个性,而这种人才可以有所成就。

相信看过电视剧《士兵突击》的人,都会知道里面的男主角许三多。每每看到队长训话那一集,许三多回到寝室认认真真地翻查字典,寻找关于"骡子"与"马"的解释并一字一句憨朴地沉思默念时,我都忍俊不禁。也正是这份朴实和韧劲儿让性情怯懦的许三多慢慢被接受和赏识,并最终攀上了从军生涯的高峰。看罢这部电视剧,我们在被激励与感染的同时,也不禁发出这样的疑问——许三多何以如此让人难忘?他貌不惊人,甚至身边的每一个人都忽略他,他只是每天在认真地做着琐碎平常的小事,认真地打扫,规矩地做人,而且还常出笑话。如演习时想到连长有胃病,随身带了两个鸡蛋却致使整个连队暴露了目标,行动失败。也许最容易忽略的往往是最重要的,一个人性格中的惰与勤,真与善往往具有强大的凝聚力,这些触动你心灵的才是让你感动和难忘的。从这个意义上说,许三多是平凡的,同时又是伟大的。

生活中常有些人,他们整日里标新立异,奇装异服;有些人总喜欢挑剔别人来凸显自己;更有一些文学青年读了几天文学书籍就以批评家自居,终日里对别人的作品评头论足,自己却写不出来一篇像样的作品;更有甚者就如我们的一些所谓的后现代画家们,曾经参加过他们的一次画

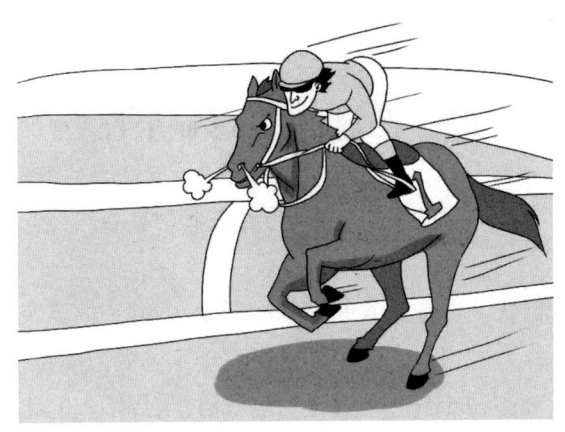

展,有的画室进去了,乌七八糟的,到处都是一些断裂和碎片,让人看后心有余悸。也许是自身的欣赏水平有限,无论如何不能将之与"美"联系起来。

构成一个人魅力的最为关键的因素不仅是天赋与才华,更重要的是一个人的性格与个性。或许你会为一个才华横溢的人所折服,也可能会为一个妙语连珠的人所折服,但你更可能对一个性情温和、充满宽容与友爱之心的人留下极为深刻的印象。

人们的性格世界就像是一个丰富多彩的百草园。只有当你融入到这个百草园之中,你才能看清性格中的每一个个体;看清个体之间的优与劣,有序与无序;看清个体与整体的联系。只有这样,你才能在平凡中彰显个性,走出属于自己的风景。

### 心灵感悟

一个人是否快乐,不在于拥有什么,而在于如何看待自己所拥有的东西。拥有快乐的性格,你就会将复杂的生活调制成一杯鸡尾酒,让自己的生命拥有独特而奇妙的味道。保持自己优秀的个性,让自己在求索中前进,迈向理想人生。

## 03　凸显自我,彰显个性

生命不能承受的不是存在,而是作为自我的存在。

——米兰·昆德拉

社会学把自我认识称为人的第二次诞生,即继肉体自我诞生之后,精神自我的诞生。人的自我认识主要来自三个不同的方面:

首先,在和别人的比较中认识自我。通过与周围人的比较,与圣贤模范的比较,认识自我在这些参照系中所处的位置或水平。其次,从别人的态度中把握自我。在社会交往中,他人就是一面镜子,我们因看不见自己的面貌,就得照镜子,我们不易评量自己的人格品质和行为,就得利用别人对自己的态度和反应,来获得一些评价,并通过这些评价来了解和认识自我。最后是从工作业绩中认识自我。它们既包括课业及生产性的行为,也指文学的、艺术的、科学的、技术的、社会的、体能的等各方面的活动。各人所具潜能的性质互不相同,有人不善文字,而长于工艺;有人不善辞令,而精于计算。若是只看少数项目上的成绩,往往不能察见一个人才能和禀赋的全貌。因此,要全面客观地从工作的业绩中认识自我。

每个人都是不完美的,你认识自我的结果就是一个有缺陷的"自我",面对自我的本来面目,能否勇敢地接受现实、接受自我,是一个人心理是否健康、成熟,能否超越自我、突破自我的关键因素。我们常常可以发现这样一种人,由于他对自身的某方面不满意,他拒绝认识自己,不承认或不接受自己的真正面目,而要装扮出另外一个形象来。比如有人不愿意承认自己穷困而恣意挥霍,装成很富有的样子;有人不愿意承认自己能力有限,盲目地去从事力所不及的工作;有人出身贫贱,却极力要挤入权贵的行列。这些人把真正的自我藏掩在伪装之中,希望在别人眼中建立另外一个形象,他们缺乏接受自我的勇气,不能悦纳自己。不能悦纳自己的人,或者离群索居不和别人交往,或者自责自弃不思进取,或者对别人采取不友好的敌对态度。具有健康心理的人是能正视自己特点，接受自我的。他们接受自己，爱惜自己，无论自己漂亮与否、智慧高低，他们不会对自己的本性感到厌烦与羞愧，他们对自己并不加以掩饰，他们不无骄傲地接受自己，也接受别人。因为他们知道，自己与他人都是各有长短的极自然的人。对于不能改变的事物，他们从不抱怨，可以欣然接受所有自然的本性。他们既能在人生旅途中拼搏，积极生活，也能在大自然中轻松地享受——只有勇敢地接受自我，才能突破自我，走上自我发展之路。

当我们不能接受自我，内心就会充满挣扎和抗争，我们便会痛苦。心的慈悲与伟大就会浮现出来，我们要把它按在内心的恐惧、愤怒里面，我们就是恐惧，我们就是愤怒，与悲伤和解，将一切放下，那么在你的周围充满意义的世界就会浮现。当我们能与自己亲密，就能向周遭的一切跪拜并祝福一切。

**心灵感悟**

也许拥有一颗安宁祥和的心灵是每一个疲于奔走的人们的向往。不要让自己每一种行为、想法都写满目的性而忽略了当下此刻的存在。将自己急走的步伐放缓，感受你脚步落下时与大地的接触，感受自己的呼吸，当你向这个世界自然呈现自我时，你会从心底升起一种与世界联结的喜悦。

## 04 活出真实的自己，才能活出精彩

不要无事讨烦恼，不作无谓的希求，不作无端的伤感，而是要奋勉自强，保持自己的个性。

——德莱塞

太迎合别人，便会失去自己的格调，你有你的精彩，别人无法替代。美国北卡罗莱纳州的艾迪·奥瑞得太太讲述了她的一段亲身经历。

她曾是个普通的女孩,但她总觉得自己跟别人"不一样"。她曾因极力模仿别人无果,而几乎要自杀。她说:"我的身体长得太胖,脸颊圆润,这使我看起来更胖。我的母亲非常传统,她认为把衣服穿得太漂亮是不明智的,而且她认为做得宽大一点更耐用。我从不参加任何聚会,也没有什么值得开心的事。上学后我也很少参加学校的集体活动,这使我总觉得自己跟别人'不一样'。

后来,我嫁了一位比我大许多岁的丈夫,但我还是没有任何变化。我丈夫的家是一个有修养的家庭。我想和他们一样,但就是心有余而力不足。我努力模仿他们,也总是无济于事。他们也曾几次帮助我,但总是适得其反,把我推到更糟糕的处境。我越来越神经质,害怕见到所有朋友。一听到门铃声我都会惊慌,后来我是彻底地崩溃了。我对自己很清楚,担心丈夫有一天会发现真相,所以每次在公共场合,我都尽量显得愉快,甚至装得有点离谱。我明白自己当时表现得过度差劲,而后便深深地自责,甚至事情过后的几天里我都显得精疲力竭。最后,我实在怀疑自己是否还有活下去的必要,于是我开始想到死。

改变我一生的只是源于普普通通的一句话。有一天,我婆婆告诉我她是如何教育子女的,她对我说:"无论遇到什么事,我总会要求他们保持本色……"。保持本色这几个字恰似一道圣光闪过脑际,我竟然发现自己所有的不幸都源于我始终把自己的身心装入了一个不属于自己的格式中,我其实一直都在迷失自我,这多么可怕呀!

我要还原自我本色!我试着研究自己的个性,认识自己,找出自己的优点。我开始主动生活。我加入一个团体,虽然只是一个小团体,但当他们请我主持某项活动时,我也很害怕。通过自己不断克服思想障碍,我积极参与其中,每次都得到了更多的勇气。这的确是一段相当漫长的过程。我终于找回了自我,说实话,现在我比过去快乐得多。当我教养我自己的儿女时,我一定会把自己这些历经苦难才学到的人生经验告诉他们:'不论发生什么事,永远活出你自己的精彩!'"

保持自我本色,对一个人的成长、发展非常重要。不能保持自我往往是人们潜在的很多神经及心理方面问题的病因。安吉罗·斐尔奇写过13本书,还在报上发表了几千篇有关儿童教育的文章,他曾说过,"一个人最糟的是不能保持自己的特色,并且在身体特别是心灵中不能保持自我。"

威廉·詹姆斯也曾说过,"如果以我们应该达到的为基准,多数人的心智能力使用率不超过10%,他们不太了解自己还有更多未曾挖掘的才能。与我们应该取得的成就相比,其实我们还有一半以上的潜能深睡未醒。我们只运用了一小部分身心资源。人们往往都活在自己所设的限制中,我们拥有各式各样的资源,却不能成功地开发、运用它们。"

我们都有太多的未加开发的潜能,又何必刻意苦苦地模仿他人?请你记住吧,你在这世上是唯一的存在。以前既没有和你一模一样的人,以后也不会有。遗传学告诉我们,一个人是由父亲和母亲各自的23条染色体组合交配而成的,这46条染色体决定了一个人的特点,每一条染色体中有无数个基因,任何单一基因都足以改变一个人的个性特征。

科学表明:父母孕育了自己,但只有三百万亿分之一的概率才可能有一个跟自己完全一模一样的人。也就是说,即使你有300万亿个同胞,他们也都跟你不同,所以,你应该为这唯一的一个你而感到骄傲。

## 心灵感悟

珍视自我,努力活出自我,这个世界才会更加丰富和美丽。因为只有自尊自爱才能被别人所爱。走出去,主动去选择生活,相信你饱满的精神状态和富有爱心的话语必将映照出一处处风景。

## 05　相信自己,不随波逐流

每一个人都必须学习成为自身的权威,光是这点就足以使我们得到自由。

——佚名

一个人心灵的完整性是不能破坏的。当我们放弃自身的立场,而想用别人的观点来评价一件事的时候,错误往往就不期而至了。一个真正具有个性的"人",必然是个不轻信盲从的人。我们也许可以做这样的理解,"要尽可能用他人的观点来看事情,但不可因此而失去自己的观点。"

真正成为自己不是一件容易的事。世上有许多人,你用什么词来描绘他都行,如是一种职业,一个身份,一个角色,唯独不见了他自己。如果一个人总是参照别人的意见生活,总是毫无主见地忙碌,不去独立思考问题,不关注自己的内心世界,那么说他不是他自己就一点儿也没有冤枉他。因为确确实实,从他的头脑到他的心灵,你找不到丝毫真正属于他自己的东西,他只是别人的一个影子和事务的一架机器而已。为了追求安全感,人们顺应环境,最后常常变成了环境的奴隶。保持思想独立、不随波逐流很难,至少不是件轻松的事,有时还有危险性。然而,无数事实告诉人们:人的真正自由,是在接受生活的各种挑战之后,不断追求、拼搏,并经历各种争议之后得来的。

如果我们真的成熟了,便不再需要怯懦地到避难所里去顺应环境;我们不必藏在人群当中,不敢把自己的个性表现出来;我们不必盲从他人的思想,而要凡事有自己的观点与主张。

坚持一项并不能得到别人支持的意见,或不随之附和一项普遍为人支持的原则,都不是件容易的事。当一个人不愿随波逐流,并能够在受攻击的时候坚持信念,的确需要极大的勇气。在一次社交聚会上,在场的人都赞同某个观点,只有一位男士表示非议。他先是客气地一言不发,后来因为有人直截了当地问他的想法,他才微笑道:"我本来希望你们不要问我,因为我与大家的观点不同,而这又是一个多么难得的社交聚会。但既然你们问了我,我就把自己的想法说出来。"接着,他便把想法简要地说出,结果立即遭到大家的反驳。但他坚定不移地坚守自己的立场,毫不让步。最后,他虽然没有说服别人赞同他的看法,却获得了大家的尊重。因为他坚守自己的观点,没有做别人思想的附庸。

如今社会发展驶入了多元化的快车道,面对不同的声音和见解,面对各异的追求和本色,我们该何去何从呢?当然,最主要的是:不人云亦云,不见异思迁,不随波逐流,在感性与理性的前提下,坚持自己独特的个性。

例如,我们现行的教育方针,通常是针对一种既定的性格模式来完成的,所以这种教育方式很难培养出独立的领导人才。由于大部分的人都是跟随者而不是领导者,因此我们虽然很需要领袖人才的训练,但同时也很需要训练一些人如何有意识、有义务地去遵从领导。如此,才不会像被送上屠宰场的牛羊一样,盲目地随着走,赴上"刑场"也茫然不知。

例如，有许多婴幼医师告诉我们喂养、抚养和照顾子女的方法，还有许多幼儿心理学家也告诉我们该如何教育孩子；做生意的时候，有许多专家提醒我们要如何做方能使生意顺利发展；在政治上的选举活动，大部分人也是跟从某些特定团体的意见；就连我们的私生活，也经常受某些所谓专家意见的影响。这些所谓的专家通过观察、总结，然后把意见传达给大众，让大众去吸收、消化，并断定它们是一剂灵丹妙药。生活中的大部分人都不会明白，其实自己才是自身的专家，别人的经验只可以借用。每个人都有不同的心路历程，只有从你自身的生活经验中得出来的结论才更实际，更适用于你自己。

其实，我们最难要求自己达到的境界便是："成为你自己。"在充满了大众产品、大众媒介及装配线教育的当今社会，认识自己很难，要保持自己的本来面目更难。我们常以一个人所属的团体或阶层来区分他们的特点，如"他是工会的人""她是职业妇女"等等。我们每个人几乎都标有标签，也毫不留情地为别人贴上标签，这很像是小孩玩的"捉强盗"的游戏。

对所有这样的人来说，盲目顺从只是怯懦者的所为，不是现实。因此，我们完全有责任保持自己的独立和个性，而不是随波逐流盲目跟从，直至默默无闻地消失。

**心灵感悟**

对于一个人来说最坏的事情莫过于总认为自己生来就是不幸之人，认为自己总是得不到幸运女神的垂青。事实上，在我们的思想王国之外，根本就没有什么幸运女神。

## 06　主宰自己的命运

每个人都有属于自己的一片森林，迷失的人迷失了，相逢的人会再相逢。

——村上春树

现代心理学一般把个性定义为一个人的整体精神面貌,即一个人在一定社会条件下形成的、具有一定倾向的、比较稳定的心理特征的总和。

个性具有独特性和可塑性两方面的特征。独特性是相对于共同性而言的,而可塑性则是相对于稳定性而言。构成个性的各种因素在每个人身上的侧重点和组合方式不同,正如世界上很难找到两片完全相同的叶子一样,也很难找到两个完全相同的人。

个性的独特性是指人与人之间的心理和行为不同。

如在认识、情感、意志、能力、气质、性格等方面反映出每个人独特的一面,有的人知觉事物细致、全面,善于分析;有的人知觉事物较粗略,善于概括;有的人情感较丰富、细腻;而有的人情感较冷淡、麻木等。某男个性活泼,爱说爱笑,但少年时由于缺乏主观判断力交上了有恶习的朋友,青春期的叛逆让他很快学会了吸烟、喝酒,逃学成了家常便饭。后来哥几个聚在一起预谋偷人家摩托,然后像古惑仔一样远走天涯。结果浪漫的想法未曾实现便束手就擒,几个大一点的同学皆被判刑,而他由于未满十八岁,在牢里受训两个月,被家人领回。自此以后,亲人朋友们发现他的性格变了,终日里郁郁寡欢,不说不笑,只是闷头做事。个性或称人格绝不是一成不变的。因为现实生活非常复杂,随着社会现实和生活条件、教育条件的变化,年龄的增长,主观的努力等,个性也可能会发生某种程度的改变。特别是在生活中经过重大事件或挫折后,往往会在心灵中留下深刻的烙印,从而影响个性的变化,这就是个性的可塑性。

强调个性的独特性,也并非排斥个性的共同性。个性的共同性是指某一群体、某个阶级或某个民族在一定的群体环境、生活环境、自然环境中形成的共同的典型的心理特点。个性的独特性和共同性组成了一个人复杂的心理面貌。人格是一个内在统一的整体。正常人能够正确地认识和评价自己,及时地调整在人的内部心理世界中出现的相互矛盾的思想和意识等的冲突。这样才能使他的动机和行为之间经常保持和谐一致。

若失去了这种内在的统一性,一个人的行为就会经常被几种相互抵触的动机支配,这必然引发人格分裂现象,或称"多重人格"。可见,个性在心理学上是一个复杂的综合概念。我们每个人都具有自己的独特性,重要的是要正确地认识自己,肯定自己,在遭遇重大的挫折时正确地引导自己渡过难关,使自己的性格向良性发展,并有意识地创造条件塑造完美的人格。

### 心灵感悟

用所学的个性结构来分析自己的个性,阐述个性倾向性中各成分间的关系很重要,这样我们就可以根据自身的动机、兴趣和信念等需要的推动达到个性的形成与发展。世界观居于最高层次,它制约着一个人的思想倾向和整个心理面貌,是人们言论和行动的总动力、总动机。

## 07　坚持自我,赢得喝彩

凡是个性强的人,都像行星一样,行动的时候,总把个人的气氛带了出来。

——哈代

## 第一章 自我的价值，在追求中绽放

大概许多人都看过哈代的《德伯家的苔丝》，此书的悲剧气氛很浓，使你多年后回味起来仍能感受到那种悲伤的余韵。特别是苔丝忧郁、善良、朴实、柔弱的特质让你印象深刻。书中的男主人公安吉尔·克莱是一个倍受封建传统思想束缚，没有坚持自我，将爱情进行到底的典型。他得知苔丝曾经失身的经历后，毅然离开了她，而选择远行，让已有的爱情伤痕累累，最终酿成了三个人的悲剧。每每读罢此文，都不禁慨叹：坚持自我，有那么难吗？

坚持自我不是让你拥有众人皆醉我独醒的狂妄，也不是让你强辞夺理、得理不饶人，而是要你发出自己的声音，勇于和邪恶作斗争：自尊、自信、自爱、自强。生活中的确有一些人——他们无论走到哪里都能把他的气氛带进来，让和他接触的人都能强烈感受到他的存在，被他的气质所感染，产生继续与他交往的愿望。社交行为的开始就是你人格尊严的确立，这种人无疑就是成功的。还有一种人是随风草，被各种社会思潮牵着走，人云亦云，最后竟让人不知所云。更有甚者，遇见强恶便本能地缩到一角，很怕别人注意到你。据说某市一群地痞公然大街上抢劫，竟无人问津，所有人都各行各路，恍若什么也没有发生。

还有这样一个例子。

当玛丽·马克贝德第一次上电台播音时，她试着模仿一位爱尔兰明星的形象与口音，但并没有产生什么好的效果。直到她以本来面目示人，展示出密苏里州的一个乡村姑娘的淳朴，她才成为纽约市最红的播音明星。吉瑞·奥特瑞一直想改掉自己的乡下口音，并自称是纽约人，结果招致许多人背后的嘲笑。后来他开始重新弹起自己心爱的三弦琴，演唱他拿手的乡村歌曲，才奠定了他在电影和广播领域最受欢迎的牛仔地位。

你在这个世界上是一个全新的个体，你应该为此而高兴。你如果想开发自己所有美妙的天赋，就要尽可能地展现、张扬你的个性。你努力了，总会有好的结果。归根究底，所有的艺术都是一种自我个性的体现。

事实已经证明，并将继续证明：能够帮助你的只有你自己，只有耕种自己的田地，才能收获属于自己的果实。

### 心灵感悟

假如连你自己都不相信自己,他人的鼓励又能起到什么作用呢?他人的想法永远不能完全代表你自己,你也绝对有权去决定你要不要接受别人的意见,或是要不要受别人的影响。只有你才是你生命的重心,也唯有你才能给自己最有力的肯定,这才是你开发潜能、实现突破的最佳基础。

## 08　活给自己看

一个人如果自己跟自己作对,就没有办法搭救他。

——列斯科夫

世界上有两种人。一种人活着给别人看,一种人是给自己看。

我觉得,很多人是活给别人看的。

比如:朋友失恋了,他说:"我一定要好好干,出人头地,找一个更漂亮的证明给她看!"还有一个朋友失恋后,她说:"我一定要嫁给一个百万富翁,找一个比他更帅、更爱我的人,让他为自己的决定后悔。"

活给别人看,叫做死要面子活受罪。活给别人看,就会产生比较之心。比房子、比票子,总感觉自己不如别人,车子不如别人的好,妻子不如别人的靓,儿子的成绩不如别人的好……越比越心烦。

活给别人看,实际上就是在糟蹋自己。曾有一位邻居,他过去当科长时得罪了一些人。后来他患了癌症,开始进行了一次手术。后来又发现一个肿瘤,于是一些人说他活不长了。医生说,如果采取保守治疗至少可以活两年,但动手术很可能加速癌细胞的转移与扩散。但他说,我要好好地活上十年给他们看。于是他决定进行第二次手术,可是手术后不到半年他就去世了。另一位邻居是中年妇女,她听到那个要活给别人看的人去世了,转变了观念,认识到应该活给自己看。一天,她到服装专卖店,花了200多元买了一套品牌内衣。有人问她，买这么贵的内衣，穿在里面，别人也看不到，岂不可惜？她说："我穿衣服是为了自己舒服、自己高兴，又不是给别人看的！"

的确，只要自己穿着舒服，活得舒心，完全没有必要在意别人的许可、赞同与肯定，更没必要活在别人的眼光里，活在别人的话语里。人应该活给自己看。身体是自己的，生命是自己的，灵魂是自己的，人生也是自己的，既然都是自己的，为什么要活给别人看呢？

我们既然有了坦诚，为什么还要披上虚伪的外衣，让别人来看呢？某男聪明、帅气，只是学历低，在外闯荡的日子吃了一些苦头。终有一天一个朋友给了他一份优职，试用期一个月。工作的性质主要是电脑编程方面，男孩由于基础差，刚开始就有好多不懂之处，但他很刻苦，却仍不可避免地招来老员工的不屑和嘲笑，男孩儿就忍着，他的工作态度和打拼的精神终于得到了领导的认可，决定将他留下来，而此时他却毅然无声地离去。

后来才知道，原来是他觉得每一天上班同事们都在用异样的眼光看他，从骨子里瞧不起他，分给他非常简单的任务明明就暗示着一种嘲弄。他忍受不了这种屈辱，所以他宁肯离去。事实上，在这个世界上，一切都预先被原谅了，一切皆可笑地被允许了。存在即是合理。所以不要在意别人的眼光，给自己一个骄傲的理由，给自己一个幸福的理由，给自己一份别人不能给予的温暖。敢于发出心灵中最真诚的呼唤，而不必扭扭捏捏，东遮西掩。拥有时，不必去矫饰喜悦；失去了，也不要过分悲伤。

活给自己，笑给自己，演给自己，唱给自己，把快乐的钥匙掌握在自己手中。

**心灵感悟**

一个普遍的观察是，大家的思维方式越来越以自我为中心了，所以很少会有人真正在意你的想法和行为，过于敏感是不自信的表现，每个人都不完美。承认你自己，发出自己的声音才最重要。

## 09 江山易改，本性可移

> 改造者风格更倾向于与众不同地做事，而"适应者风格"更喜欢出类拔萃地做事。
>
> ——苏伦斯

江山易改，本性难移。这句俗语在人们心目中已是根深蒂固的观念了，它是指人的性格很难改变，比江山更替还要难。然而，通过大量的事实证明，人的性格不是一成不变的，而是在其漫长的生活、工作和学习的过程中，在不知不觉中，发生变化。而且它变化的难易程度，远比江山社稷简单得多。

那些诸如"性格一旦定型，人的一生就决定了""18岁前性格还可以变，之后就难以改变了"等思想需要更新了。性格在任何时候都是可以改变的，只是随着年龄增长而有难易不同罢了。

人的性格，主要是指人在其行为和态度上面所体现的心理特征，主要有四个方面的特征。

首先，性格的态度特征，指的是人对社会、他人、学习、工作和自己的态度的特征。

其次，性格的意志特征，主要是指意志控制自身行为方面的特征。

再次，性格的情绪特征，主要指人的情绪方面各种维度上的特征。

最后，性格的理智特征，在认知的各个方面感知、记忆、想象、思维方面有不同的特征。

可以看出，人的性格就是态度、意志、情绪、理智四个方面结合起来的混合体，其中尤为重要的是态度特征。态度特征是由一个人的世界观、信念、理想、兴趣等组成的需要系统决定的，这个需要系统是人一切行为的动力。态度特征直接体现着一个人对事物所特有的稳定的倾向，是人的本质属性的反映。而恰恰正是这个最能反映人的本质属性的态度特征是可以改变的,而且并不是很难改变。我们常说"成见"这个词,就可以看出人的态度特征,"成见"不容易改,但不是绝对地不能改,在多次实践之后,"成见"终归消失在正确的认识之中。比如,一个懒惰、无所事事的人在绝境和逆境之中,还是会认识到勤劳的意义。实践活动是改变一个人的态度特征的根源因素,一旦在实践中被证实的观念就会毫不犹豫代替以前的错误观念。使一个自私自利的人变成大公无私的人,一个心狠手辣的人变成一个慈悲为怀的人,一个孤独偏激的人成为一个乐群热情的人。而相对于态度特征,性格的其他三个方面的特征,改变则难一点,究其原因,主要是意志、情绪、理智等方面的性格特征有很大的生理、遗传的先天因素的影响。

性格特征决定了,例如,勇敢与否,与人的世界观、信念大有关系,有些人主导心境常是悲伤,就是源自他世界观的悲观,有些人情绪很稳定则很有可能是其恬淡、不贪的世界观所致。所以,性格的其他三个方面的改变相对于态度特征来说,要难一些,而我们平常所说的"本性",也有相当部分指的是这三个方面。但是态度特征对于其影响是非常重要的,态度特征的改变也能够在相当程度上改变其他意志、情绪、理智方面的性格特征。而这三个方面受生理因素影响的特征也不是不能改变,在人的实际生活中,可以逐渐地改变。例如,一个急躁的人当了医生之后,逐渐地养成耐心的特征,逐渐改变着其神经类型。只是比起态度特征来,要缓慢一些,复杂一些。态度特征的改变可以标志人的性格的改变,态度特征一般是在两种条件下改变的:环境的外力改变和自我调节的内力改变,而前者也需要作用于自身的态度,改变原有的态度,从而使自身的性格发生变化。性格环境的外力改变,主要发生在重要的人生变故之后,比如家道中落、亲人去世、重大意外打击或者逆境中突遇机缘、天降鸿福等,这些人生变故可以使一个原本外向活泼的人变成一个内向沉默少言的人(或相反),也可以使一个自卑悲观的人成为一个自信乐观的人(或相反)。性格自我调节的内力变化相对前者更加重要,从这个意义上说,人的性格可以是由自己来决定的,这方面不乏例子,众多逆境中成材、梦想成真都可以说明这一点。在自我调节变化自己性格的过程中,一般都是先改变自身的世界观、信念,改变自身的态度特征,进而改变自己各方面的性格特征。因此,对自身的要求,对自己的督促,对社会、他人与自己关系的思考都有可能在不知不觉中改变着自己的性格。

综上所述,"江山易改,本性难移"这句话并不是真理,人的性格是可以改变的。人可以通过改变态度特征来改变其他三个方面的性格特征。更为重要的是,人可以通过自我调节来改变自己的性格,从这个意义上讲:你的性格,你来决定。

**心灵感悟**

从改变你的态度来改变你的性格,性格既然是由你来决定的,你就更要发挥自身的主观能动性,让你的个性、特性结合你先天的性格优势充分发展完善,打造一个趋于完美的独特的你。

## 10 特立独行,实现超越

一棵树上很难找到两片叶子形状完全一样,一千个人之中也很难找到两个人在思想情感上完全协调。

——歌德

每一片叶子都不是相同的,不管是对叶子本身,还是对于拾叶的人。

每个人都有属于自己的一片森林,跌倒了爬起来,爬起来继续寻找,继续追求。寻找什么呢?有的人和你相遇了,一起走一段路又分开了,你已看惯了人们的来来去去,当最初的一些离恨别情如潮退去,你开始不再寻找,学会将一切放下,顺其自然。生命中有许多必然,比如有相同气质的人不论来自何方,都在朝一个方向走路,尽管走的先后不同,路子可能两样,但却是可以相互理解的。你已能泰然地和该相遇的人相遇,和该错过的人错过。你再也不会过分强求,祈求留下什么,或者把自己的命运系在别人的藤蔓上，还满心欢喜，不知所措。只有走过风雨的人，才会享受风雨，只有漂泊过的人，才懂得"在路上"的美。生命的流转中你学会了接受自己，悦纳自己，倾听自己的声音。

迈出自己的脚步，不再寻找，不再回头张望。因为你知道回忆只会让你迷失，未来只是愿景，最重要的是看护好今天的属于自己的这片森林，让它枝繁叶茂，丰富生命色彩。昨天的你已不是现在的你，而活好现在才能给自己创造出美好未来。

生命的过程就是一个不断肯定自我，自我成长的过程。

诚然，生命中到处充满机遇、苦难、陷阱。有时候我们走着走着忽然就穷途末路举步维艰，这时候我们应该理性地对待，坚定自己的意志不动摇。也只有坚定信念，相信自己，沿着目标一直追寻下去，才会抵达成功的彼岸。"不识庐山真面目，只缘身在此山中"，这句话未必准确，因为更多的时候别人只能提供给你一方面的看法，没有谁真正了解你，除了你自己。坚定信念就一直走下去，你才能创造奇迹，走向成功。曾经有个人想要挖一口井，可是他一路走过来深深浅浅进行了无数次的尝试，结果都没有挖出水，那人最终不得不放弃了，如果细心一点你会发现，其实水源离他所挖的地点已经很近了，只是他缺少必要的坚持，坚持，只一点点就够了，真是差之毫厘，谬以千里。

写下你的名字，一生中会有多少人念起，而你又为自我的成长准备了什么呢？有时候对自己负责就是对别人负责，就是对生命最好的报答，坚持完善自己，善待自己，走自己的路，收获一路的悲喜，生命的可贵就在你一路的坚持下凸显出来，生命的意义其实就在你自己的身上，必竟向这个世界敞开自我，迈出自己的步伐才是最重要的。没有谁能代替你成功，像树一样扎根泥土，朝向阳光，让岁月真实而深刻地划上仅属于自己的年轮，而不是一味地活在别人的阴影里，因为对于无数的生命个体来说，你就是一片叶子，宇宙的一个不可预知的充满无限能量的偶然。

我们的世间是有漏洞的世间，有缺漏、不完美是世间的真相。人生有一点缺陷，可以激发我们向上向善的力量。不要因一点小事儿就闷闷不乐,我们无法选择,但是除此之外我们还有诸多别的选择,这些对我们的人生更有意义!

上天赐予你的能力是独一无二的,只有当你自己努力尝试和运用时,你才会知道这份潜能对于你到底意味着什么。不要刻意地让自己去变成另一片树叶,活出一个人的精彩才会快乐,才会有成就感。

**心灵感悟**

性格的组合是只万花筒,不同的性格演绎不同的人生。世界因此才会充满活力和生机。任何一个人的性格都会有所不同,正是这种个性的不同才使你有别于其他人,构成了独一无二的自我,也造就了特立独行的人生。仔细把握性格中的优点,才能不断挑战自我,超越自我,实现自我。

# 第二章
## 心灵深处，塑造自我

　　人们一直说要寻找自我,其实自我不需要寻找,自我始终都在自己身边,在心灵最深处的地方。"清水出芙蓉,天然去雕饰",自我不需要刻意改变什么,顺其自然就是自我。无论你如何的为生计奔波、劳苦,生活中总有些时候能让自己的心灵平静下来。因为只有心平静下来,才能与自身处境保持一定距离、取得审视的视角;心平静下来,才会赫然发现自己究竟会干什么,能干什么,才会更加深刻地、冷静地认清自己。给自己一些时间,向无限深处的地方重新发现一下自己内心的真实状态,活出真实的自我,在心中保留一块净土,播种人生的希望。

## 01　审视自我，认识自我

> 我们不必羡慕他人的才能，也不须悲叹自己的平庸，各人都有他的个性魅力。最重要的，就是认识自己的个性，而加以发展。
>
> ——松下幸之助

哲学家们惯常发出关于"我是谁"的追问，以对人类的生存困境寻求具有思辩意味的解答。而落实到生活中，正确地认识自己同样显得重要，人类只有正确地认识自我才不致于在生活中左奔右突，茫然无措。所谓知人者智，自知者明。连自己都不了解自己又怎能去了解别人。

在人的灵性里面隐藏着众多深邃复杂的元素。人有一种神奇的"自我"世界。记得一本书曾这样写道，在学校里，学习语言学和数学、自然科学和社会科学等各种课程时，你能够保持最佳思维；在工作岗位上，你可以提出卓越的分解和处理问题的巧妙办法，可一涉及到"自己"，大脑的运转往往会变得意想不到的迟钝。这是为什么呢？

我们知道，"自我"人称"社会我"，而这个"社会我"无疑是自我创造的，但是自己却不一定认识。这是因为在对象认识的类别中，并不包括以自身为对象的情况，它必须是对脱离对象以外事物的认识。这样，在"对象认识"以外，还应该有"自我认识"。这就是说，人的认识大概可以分为"对象认识"和"自我认识"。由于常常犯角色混淆的毛病，这种认识能力总是很容易向对象认识方面偏离，而要想转向自我认识这方面，则是很困难的。比如说，如果有人问你，在这个世界上，对你自己来说，最亲近的是谁呢？是父母、兄弟姐妹、老师、亲密朋友、恋人，还是其他？一般人在填写中很容易首先意识到从父母到恋人这五种人，尤其是难舍难分的恋人和亲密无间的朋友，但却忘记了这个世界上与自己最亲近的人恰恰就是自己。

为什么会产生这种现象呢？让我们拿小孩做游戏来说明。倘若有五个小孩在做游戏，如果你问其中一个小孩，"这里有几个小朋友在做游

## 第二章 心灵深处，塑造自我

戏?"奇怪的是大多数小朋友在认真计算后,郑重其事地告诉你是"四个人"。令人不可思议的是这种现象不仅仅只出现在小孩子身上,而且也同样发生在青年人和成年人身上,可以说是常见的、人类自身存在的一种普遍现象。这种现象里面显然存在着一个被忽略的问题,就是人在认识"自我"方面,即使是一件再明确不过的事情,往往不经别人提醒,自己也无法感觉到。这种心理,正是现代人的通病。卡耐基经常提到这样一个故事:有一天,一个流浪汉来到我的办公室,要求与我谈谈。他说,他昨天下午本来已经决定跳进密歇根湖,了此残生。但不知是谁,也许是命运之神,把一本我多年以前写的书放入他的口袋。这本书给他带来了勇气和希望,并支持他度过昨天的夜晚。他还说,只要他见到这本书的作者,他相信一定能帮助他再度站起来。我问他,我能替他做些什么。在他说话的时候,我从头到脚把他打量了一遍,我不得不坦白地承认,在我内心深处,我并不相信我能替他做些什么——他脸上沮丧的皱纹、眼中茫然的神情,他的身体姿势、脸上未刮的胡须,以及他那紧张的神态,完全向我显示出他已经无可救药了。但我不忍心对他这样说。因此,我请他坐下来,要他把他的故事完完整整地告诉我。他说得很详细,其中要点如下:他把他的全部财产投资在一种小型制造业上。

那是在1914年,世界大战爆发,使他无法取得他的工厂所需要的原料,因此他只好宣告破产。金钱的丧失,使他大为沮丧,于是,他离开了妻子和儿女,成为一名流浪汉,他对于这些损失一直无法忘怀,而且越来越难过。到最后,甚至想自杀。他说完他的故事后,我对他说:"我已经以极大的兴趣听完你的故事,我希望我能对你有所帮助,但事实上,我却没有能力帮助你。"他的脸立刻变得苍白。他低下头,喃喃地说道:"这下完蛋了。"我等了几秒钟,然后说道:"虽然我没有办法帮助你,但我可以介绍你去见本大楼的一个人,他可以协助你东山再起!"我把窗布拉开,露出一面大镜子,他可以从镜子里看到他的全身。我用手指着镜子说:"我答应介绍你跟他见面,就是这个人,在这个世界上,只有这个人能够使你东山再起,除非你坐下来,彻底认识这个人,否则,你只能跳到密歇根湖里,因为在你对这个人作充分的认识之前,对于你自己或这个世界来说,你都将是个没有任何价值的废物。"

他朝着镜子向前走了几步,用手抚摸他长满胡须的脸孔,对着镜子里的人从头到脚地打量了几分钟,然后后退几步,低下头,开始哭泣起来。我知道我的忠告已经发挥功效了,便送他离去。几天后,我在街上碰见了这个人,我几乎都认不出他来。他的步伐轻快有力,头抬得高高的。他从头到脚打扮一新,看来很成功的样子,而且他也似乎有些感觉。他解释说:"我正要到你的办公室去,把好消息告诉你。那一天我离开你的办公室时,还只是一个流浪汉。但是,虽然我的外表落魄,我仍然找到了一份年薪3000美元的工作。想想,一年3000美元。我的老板先预支了一些薪水给我,要我去买些新衣服,还让我寄一部分钱回去给我的家人。我现在又走上成功之路了。我正要前去告诉你,将来有一天,我还要再去拜访你一次。我将带去一张支票,签好字,收款人是你,金额是空白的,由你填上数字。因为你介绍我认识了我自己,幸好你要我站在那面大镜子前,把真正的我指给我看。"那人说完话后,转身走入芝加哥拥挤的街道,这时,我终于发现:在从来不曾发现"自立"和"责任"价值的那些人的意识中,原来隐藏了伟大的力量和各种潜能。如果一个人连自己都没有看清楚,对自己都不能负责任,就不可能取得成功。

## 第二章 心灵深处,塑造自我

### 心灵感悟

生活给了大家一样的舞台,角色靠自己扮演,每个人都是一名演员,所不同的是心境。境由心造,一念之间可以一花一世界。谁强谁弱,谁是谁非都往往是一种感觉,人为设定了世俗的评判标准,而真正活得如何只有自己知道。什么才是最舒适的,只有自己明白,所以说用心认识自己才是最重要的。

## 02 循序渐进,寻找自我

我们无可避免跟自己保持陌生,我们不明白自己,我们搞不清楚自己,我们的永恒判词是:"离每个人最远的,就是他自己。"

——尼采

著名哲学家苏格拉底把镂刻在古希腊特尔斐神庙的名句"认识你自己"做为一生虚怀若谷认识自我的不懈追求。向世人昭示人对自我的认识是一件很重要的事情,也是一个人取得成功的先决条件。

一个人的成功过程就是一个不断自我认识的过程。随着人的年龄的增长和阅历的丰富,人的自我认识才走向成熟。虽然自我认识不易,但人完全有能力正确地认识自我。因为只有正确地认识了自我才可以做出正确的决断和准确的选择,才能把握机会,走向成功。

心理学告诉我们,人不但能认识到外界的客观事物,而且对自己的心理和行为也能认识,并能把自己的意图、思想、感觉、体验传达给自己,从而调节自我,控制和完善自我。认识自我需要一个很长的过程,而对自我的调节、控制和完善也同样是一个自幼开始的漫长过程。童年时我们物我不分,也就是说不出自己和自己以外的他人和世界到底是什么样的,在他们的眼中,自我就是中心,而自我以外的所有东西都得围绕自己。只知道自己需要什么,既不会考虑别人的需求,也不会调整自己和外界的关系。

我们都经历过这样的问题：家长和老师会问我们"你长大了想干什么"，孩子们的回答往往简洁明了，"我想当宇航员，遨游太空""我想当老师，为祖国培养人才""我想当……"诸如此类。孩子们对自己还没有正确的评价，对成功的因素还没有考虑。进入青年，我们开始独立生活，自我中心也逐渐被打破，开始认识到自己和他人的区别，了解到世界上还有好多事情是自己控制不了的。根据人自身需要和自身特点结合社会的需要有意识地调整和指导自己的行动，人的这种思想行为的过程正是认识自我、控制自我和完善自我的过程，恰恰也说明了人是能够认识自我的。认识自我是在不断探索和反思中实现的。许多人对自己的认识都是长期的并伴随着各种各样的曲折。

曾有一位朋友，从小家庭富有，接受教育也很好，在各方面都有潜能，成绩也不错，他是个全面发展的人。他喜欢运动，可就是不想当运动员。他还在报刊杂志上发表了不少作品，可他也不想成为作家。直到上大学，他的兴趣还是不断变化，家里人着急了，就对他说："你这样变来变去，大学这几年马上就要荒废了，这可是你确定人生目标的关键时刻啊！"此时的他也很矛盾，他只是想充分认识自我，然后选择符合他的发展方向，同时也想尽可能地尝试更多更好的东西，发现自己的兴趣也挖掘出自身的潜能。经过两年的大学生活后，他终于发现自己对网络游戏感兴趣，于是他自己开了家公司。从此以后，他的兴趣再没变过，现在他的公司已经在欧美也有了分公司。后来他回忆自己大学时的经历说道："学生时要不断地尝试，然后尽快地确定正确的人生目标。"

一个人在青年时代就要充分认识自我，但这是要有一个认识过程的。我们每个人对自我的认识都不是一件很容易的事，也不可能在很早时候就能完成。一个人在年轻时没有认识自我，确定好人生方向并不是一件悔之晚矣的大事。

其实，人对自我的认识和把握，需要一个循序渐进的过程。在这个过程中，要有充分的时间去认识自我，经过人生的检验和论证来确定发展方向。人对自我的认识本来就不是一个简单的过程，更不可能是一帆风顺的。最重要的是我们要敢于认识自我，发现自我进而成就自我。

**心灵感悟**

每天有许多事都不重要，找到自己最重要；每年有许多甜酸苦辣都不重要，重要的是不迷失自己、相信自己的价值，自己坚守一个境界，拥有一份追求，明确一个中心思想，任凭外面云卷云舒，我就是我。

## 03 认识自己，才可洞悉生活

要测量一个人真实的个性，只须观察他认为无人发现时的所作所为。

——麦考莱

古罗马的两面门神，有前后两张面孔，前可以看未来，后可以察历史，同样地我们在认识自己时，也要有"两面神"的眼光。

1. 认识自己的天赋

天赋（或素质）指一个人先天的生理器官的形态结构、特点和功能的类型。例如，高矮、胖瘦、强弱、灵敏、笨拙、感觉器官的发展程度等，认识自己的素质类型对于成功是非常非常重要的，例如，身材在 2 米以上，则

29

打篮球最可能成为名将。反之,矮个子一般都进不了篮球场,更不要说成为一名篮球名将了。

2.认识自己的能力

能力是一个心理概念,指一个人能成功完成某一种或某几种类型所必需的内在条件。能力按其适应性,可以分为智力、专门能力和创造力三种。其中专门能力是符合某项专业活动要求的一些特殊能力的结合,比如音乐能力、绘画能力、机械能力、教学能力、教育能力等等,即分别适合于不同专业活动领域的专门能力,它们分别由一些特殊能力构成。音乐能力由曲调感、音乐节奏感和听觉表象等特殊能力构成。教育能力包括教育观察力、教育想象力等特殊能力。显而易见,一个人的能力类型同他的活动效果是密切相关的。

3.认识自己的气质

气质是一个人的典型的稳定的心理特点的综合,它的表现往往不以实践活动的目的、内容及实践者的动机为转移,因而它使每个人都显著地区别于他人。心理学习惯上将人的气质分为四种:即情感发生得快而强烈,外部表现明显的胆汁质型;情感发生得快但不够强烈,且易发生变化的多血质型;情感发生得慢而又不很强烈,不但发生得慢而且比较微弱,也不大表现于外的黏液质型;情感发生缓慢而持久,外部表现不明显的抑郁质型。这四种气质类型是单独的,大多数为综合的,一般常以一种类型为主,同时也不同程度地包含有其他类型。不能认为哪一种气质一定比哪一种气质好,但是应该承认某种气质的人可以更适宜于某一类工作。比如胆汁质与多血质的人从事文艺和体育工作就比较合适,从事交往较多的工作,但是气质只是属于人的各种心理品质的动力方面,并不决定一个人性格的倾向和能力发展水平。

4.认识自己的性格

性格是指一个人对现实生活和行为方式中经常表现出来的稳定而又可变的倾向,是具有社会评价意义的心理特点。性格的分法有多种,有的分为理智型、情绪型、意志型三种,也有的分为外倾型和内向型,还有的分为顺从型和独立型。国外有人把性格分为三种：一是内闭型性格,主要特征是不喜欢与他人交往,孤独寂寞思维具有抽象性及非现实主义色彩。这类人尽管有时非常敏感,但有时却又令人不可思议的迟钝。他们分为敏感型和迟钝型两种。敏感型的人不善于与他人交往,热爱大自然,酷爱读书;迟钝型的人不大关心周围的人和事物,但却非常随和。二是同调型性格,基本特征是善于社交、善良、亲切、温厚。这类人喜欢交际,不管和谁都能结为挚友,而且善于照顾他人。同调型性格具有轻躁状态和抑郁状态反复交替出现的特征。但是,不管是处于轻躁状态还是处于抑郁状态,附和他人的倾向都会保持,而且对他人不会封闭自己的感情。这种人处于轻躁状态时,开朗、幽默、活泼好动;处于抑郁状态时安静、抑郁。三是黏着型性格,主要特征是坚定持之以恒、专心致志、自律严格、有条不紊。这种人注重严格遵守社会法规、惯例、习惯;在人际关系中循规蹈矩;工作踏实,坚韧不拔;精力旺盛,办事效率高。但是,他们不善于幻想,不爱闲谈,表情态度都过于严肃,情感不外露,黏着型性格兼具有黏着和爆发两面。他们虽然能忍受磨难,但如磨难过度,也会暴跳如雷。一个人的性格是在现实生活实践中,同环境相互作用后形成和发展起来的,认识自己的性格,正确分析自身性格的优点和缺点,并在生活实践中注意扬长避短,这必将对你的事业大有好处。

5. 认识自己的兴趣

兴趣是人的个性心理特征的重要方面,人的个性心理特征是有区别的,兴趣也同样是有区别的。不过,尽管各人的兴趣不尽相同,也可以把它们归纳为兴趣的持续型与波动型,专一型和分散型。兴趣的持续型是指一个人的一种或几种兴趣从幼年开始持续不断,日益巩固,直到大学时代,甚至终身不变。兴趣的波动型,就是在一个时期对这样的事物或活动有兴趣,另一个时期又对那样的事物或活动有兴趣,再过一个时期又可能回到原来感兴趣的事物或活动上来,兴趣起伏不定,呈波动状态。兴趣的专一型,是指对某一种事物或活动有十分浓厚的兴趣,而对别的则往往兴趣都不大。而兴趣的分散型,就是对各种各样的事物或活动都有一定的兴趣,但往往又均为蜻蜓点水,浅尝辄止。若一个人的兴趣是持续型、专一型,这固然有助于取得成功,但也容易孤陋寡闻,无法触类旁通,取得更大的成就;若一个人的兴趣属于分散型、波动型,没有一个中心兴趣,万事总是浮光掠影,蜻蜓点水,也必然无所大成。因此,只有认识自己的兴趣类型,才能较好发挥兴趣的动力作用和支持作用。

6.认识自己的意志

首先,应该清楚意志的主要类型有坚强型和懦弱型,朝气型和暮气型,制他型与他导型六种。坚强型最基本特征就是不怕困难,知难而进,就是敢于迎接挑战困难、克服困难、战胜困难;懦弱型的本质特征是害怕困难、知难而退,这种人缺乏韧劲,毫无耐力。朝气型是以朝气蓬勃,精力充沛为特征的;而暮气型是以暮气沉沉、干劲不足为特征的。制他型的特征是惟我独尊,经常把自己的意志强加于他人;他导型的特征是唯命是从,别人说什么就是什么,经常使自己屈从他人的意志和权威。在现实生活中,我们所见到的人,纯粹的坚强型或懦弱型,或纯粹的朝气型或暮气型,都是不多见的,有的更偏向于这方面,有的偏向于那方面。至于极端的制他型或他导型都是不可取的,应当把制他型和他导型统一起来,使二者适可而止。认识自己的意志类型,应充分发挥意志的发动和制止这两方面的调节功能,把自己的决心,变为永不失败的信心,坚持不懈的恒心,那就一定会取得非凡的成绩。

7.认识自己的情感

看过自己的意志再看自己的情感,情感的主要类型有兴奋型和稳定型,热情型和冷淡型,外倾型和内倾型六种。兴奋型的特殊表现为情感的易受刺激、易冲动或激动,以及容易变化。属于情感兴奋型的人很容易以激情的形式来表现自己的情感,如易于冲动、狂欢、暴怒、痛苦、绝望等。稳定型的人是以情感比较沉着、协调,不易变化为特征的,这种人的情感不易被外界刺激起来,即使有动于衷,也不大形之于色。热情型是以富于热情为特征,这种人情绪饱满、精力充沛,生活丰富而紧张,勇于追求并愿献身于自己所热爱的事业;冷淡型是以缺乏丰富的情感体验为特征的,这种人情感的易受刺激性大大降低,对人对事对物总是无动于衷,他们靠理智的论据来生活。当然不能说这种人没有情感,而是情感的作用对生活和活动几乎不发生影响。外倾型的主要特征是情感易于外露,表情动作特别明显,甚至夸张;而内倾型的主要特征则是情感善于内藏,外部表情不甚明显。认识了自己的情感类型,在学习和工作中,不仅要有激情,而且还要有适合自己情感类型的工作,并注意在学习和工作中,汲取其他类型的优点,做到既要有激情,又要有冷静的头脑;既要有所追求,又要有所舍弃。最大限度地增强情感的增力功能,减少情感的消极因素。

8.认识自己的健康状况

身体是革命的本钱,没有它,你的其他"资本"几乎都变成与你不相干的了。有人说:"名声、运气、家庭、朋友可以说是'0',健康却是'1',假如你把这个'1'放在首位,每加一个'0'就增加了你一份财富。没有这个'1',你什么也没有。"因此,认识自己的健康状况,并采取必要的保健预防措施,是自我认识的一个重要方面。

### 心灵感悟

我们认清自己的目的是为了更客观地自我认定和评价,从而给自己确定一个更为明确的努力方向,让正确的观念指引我们的前进之路。现实中,你是哪一种人并不重要,重要的是你能否在自我认知的基础上充分发挥自己气质类型中积极的一面,轻松化解生活中遇到的困难,别让失败击垮你,要做生活中的勇者。

## 04 压抑的生活,是一把伤人的匕首

个性像白纸,一经污染,便永不能再如以前的洁白。

——黑格尔

性格是人个性发展的决定因素,你拥有什么样的性格,将决定着你情

感、工作、生活等各方面的选择。

　　一个良好性格是向外渗透的,即使不通过言语行为,你也能强烈感觉到其精神特质,人们自然向这种人靠拢。而一个有性格缺陷的人为人处世偏激、武断、自私、敏感,由于性格中的许多因素没有和谐发展,故而常常影响到别人,身边的人或小心翼翼和他处事,或对他敬而远之,这种人生活中的麻烦总是不断。

　　小王本是一个聪明、乖巧、懂事的男孩,不幸却在一个充满争吵、面临崩溃边缘的家庭中成长。这使得小王在成长中越来越变得少言少语,内向、机警、偶尔显出暴躁的情绪。十八岁那年父母离异,小王更加内向,毅然住校,与父母疏离。在学校里小王会利用课余时间偷偷去打工,自食其力,在同学面前总是一副凛然不可侵犯的样子,偶尔有女生出于好奇探问他几句,换来的都是他的暴怒和怨恨。总觉得所有人都在看着他,暗地里嘲笑他。在大二那一年他的父亲去看他,他再也承受不了心理的压力,毅然离校回到一个小山沟里和父亲相依为命,过起了穷苦的生活。山里人只要勤劳日子还是好过的,可他的父亲却好吃懒做,东借一家,西借一家,见此情景,小王创造生活的热情迅速冷却,但仍然埋头苦干。生活却因父亲的酗酒而更加艰难,父子俩开始你看不惯我,我看不惯你,偶尔引发争吵。一天,父亲请几个邻居在家喝酒,大吵大闹直至深夜仍无散意,山里人粗鲁,趁着酒劲竟相互贬损起来,小王躺在土炕上,几经压抑,怒从心起,最后,抢起菜刀抓住一人猛砍,其余三人跳窗、踹门夺路而逃,小王旋即追出,面目狰狞,眼中冒火,满村子奔走喝问:"你在哪?你给我出来,我都整死你们,一个也不留!"乡村静悄悄的,所有人都屏息静气,被这场血腥事件震惊了。

　　魔鬼其实就在自己的心里,是长期被压抑的恶劣性格的产物。我们每个人都要直面自己和人生,及时摆脱负面性格的困扰,不要让自己滑向极端的深渊。惟其如此,才能在冲动来临时控制自己,从而让自己拥有一个积极向上的心态,面向生活中阳光的一面,多交流,多沟通,引导自己的性格向良性健康发展。否则自我纠缠,绑缚得太深,终有一日爆发,那必是灾难性的。记住:别让性格毁了你。

### 心灵感悟

对别人的一点疑问就爆发出极大的愤怒反应,说明这种人内心压抑了太多的伤害。生命的成长像一棵幼苗一样需要我们细心呵护,面对生存,我们既要要学会时时给自己撑起一把保护伞,又要不时走进人群把欢声笑语带给周围的人,体会集体的温暖。

## 05 烦恼,只在一念之间

思维、灵魂、观念和喜、怒、哀乐等,也是内因决定,而不是外因决定。一个烦恼少年四处寻找解脱烦恼之法。

这一天,他来到一个山脚下。只见一片绿草丛中,一位牧童骑在牛背上,吹着悠扬横笛,逍遥自在。

烦恼少年看到这一幕,很奇怪牧童为什么那样的高兴,走上前去询

问:"你能教给我解脱烦恼之法么?""解脱烦恼?嘻嘻!你学我吧,骑在牛背上,笛子一吹,什么烦恼也没有。"牧童说。烦恼少年试了一下,没什么改变,他还是不快乐。于是他又继续寻找。走啊走啊,不觉来到一条河边。岸上垂柳成荫,一位老翁坐在柳荫下,手持一根钓竿,正在垂钓。他神情怡然,自得其乐。烦恼少年又走上前问老翁:"请问老翁,您能赐我解脱烦恼的方法么?"老翁看了一眼面前忧郁的少年,慢声慢气地说:"来吧,孩子,跟我一起钓鱼,保管你没有烦恼。"烦恼少年试了试,不灵。于是,他又继续寻找。不久,他路遇两位在路边石板上下棋的老人,他们怡然自得,烦恼少年又走上去寻求解脱之法。"喔,可怜的孩子,你继续向前走吧,前面有一座方寸山,山上有一个'灵台'洞,洞内有一位老人,他会教给你解脱之法的。"老人一边说,一边自个儿下着棋。烦恼少年谢过下棋老者,继续向前走。到了方寸山灵台洞,果然见一长髯老者独坐其中。烦恼少年长揖一礼,向老人说明来意。老人微笑着摸摸长髯,问道:"这么说你是来寻求解脱的?""对对对!恳请前辈不吝赐教,指点迷津。"烦恼少年说。老人答道:"请回答我的提问。""有谁捆住你了么?"老人问。

"……没有。"烦恼少年先是愕然,而后回答。"既然没有人捆住你,又谈何解脱呢?"老人说完,摸着长髯,大笑而去。

烦恼少年愣了一下,想了想,有些明白了:是啊!又没有任何人捆住了我,我又何须寻找解脱之法呢?我这不是自寻烦恼,自己捆住自己了吗?少年正欲转身离去,忽然面前成了一片汪洋,一叶小舟在他面前荡漾。少年急忙上了小船,可是船上只有双桨,没有渡工。"谁来渡我?"少年茫然四顾,大声呼喊着。"请君自渡!"老人在水面上一闪,飘然而去。少年拿起双桨,轻轻一划,面前顿时变成了一片平原,一条大道近在眼前。少年踏上大路,欢笑而去。

### 心灵感悟

所谓"想开些",就是放开度量,不被凡事困扰。许多烦恼都是自寻的烦恼。当知道烦恼不仅毫无意义,还会负面影响自己时,当能做到虚怀若谷时,烦恼就会荡然无存。

## 06 觉察,人生的必修课

要做一盏照亮自己的灯,我们必须找出自己真正的路。

——康菲尔德

当野心、物质主义以及个体的孤立成为这个社会的主流意识形态,生活在困境中的人们开始变得浮躁、焦虑、进而迷失自我。在此情状下,保持一颗觉察的心,深入地认识自我便显得尤为重要了。

近年来,佛教、禅宗方面的书籍开始受到越来越多人们的关注,许多中外哲学、心理学以及神学界人士的思想被重新出版,诸如,肯·威尔伯、静香·贝克、杰克·康菲尔德,以及印度的克里希那穆提等。

其实全世界的深奥宗教对灵魂、大精神以及终极同一性的本质都有基本上的共识,学者们称之为超越世界深奥宗教的一体性。它们反映出人类灵性的一致性和在现象上所揭露的定律。生活中的我们虽不能像道元禅师所说的那样,研究自我进而遗忘自我与万物合一被万物所解脱。

假若我们学习保持一颗觉察的通透的心,带着禅味去生活,便可在城市的喧嚣中拥有一分自由。生活中的我们,多数时候内心都是封闭、紧缩和以自我为中心的。就是因为如此认同这个紧缩的自我,所以我们无法发现真正的自己,这个与世界隔离出来的我,把外在的一切当做自我生命的对立面,这样的生命显然不能展开自己,而是把自我完全孤立在肉体的牢墙中。事实上,人们容易陷入身心事务当中而忘记觉察。如果能够身体力行地进入觉察,人们不难发现,建立这种时时刻刻觉察的心,可以大幅提高智慧;同时,持有一颗觉察的心,在世间的层面上也有很大的助益。保持对当下的觉察是一项能力,需要培养才能形成。心的习气是牢固的,每当我们面对事物时,可能会一再地忘记觉察。以往形成的不良习惯阻碍当下的觉察,对此,只有不断地重拾觉察,培育新的觉察习惯。每当意识到自己并未觉察时,只要振作起来,重拾觉察即可。不要因此而谴责自己,其实,能够意识到自己并未觉察,已经是在觉察了。心从目标上跑开了,那是正常的,只要觉察到这种情形,其本身就是一种觉察。

让心培育出一种观照当下的态度。建立觉察的习惯需要从当下这一刻开始,一次一次地训练对当下觉察的能力,久之,这项能力就会被开发出来。觉察的重点在于当下,面对当下的身心,保持专注,这就是觉察了。当你喜悦时,觉察它;当你生气时,觉察它;当你愤怒时,觉察它;当你平静时,觉察它。觉察意味着没有评价,真切地对当下的情形留心察觉,就是觉察。假如我们觉察念头,会看到它流动不止,如果你不干扰它,只是留心地看着它,这就是觉察了。面对念头,当你能够反复地进行觉察,那些喋喋不休的念头就会失去一部分力量,它对你的干扰会减弱,这是因为你使用了觉察。我们知道,那些无休无止的念头与觉察出于同一源头;若能保持觉察,那些念头的力量会被削弱,觉察会更有力。在持续的训练下,那些制造念头的力量会有一部分被转化为觉察,这就是转化——更多的能量被转化为觉察的力量。从根本上说,觉察的力量来源于心。

如果心把更多的关注点放在念头的制造上,那么会有更多的念头被滋生出来;在人们还不清楚念头的本质时,诸多的念头会给心带来混乱。但当你倾注力量进行觉察时,心的力量被调动在觉察上,念头的力量被削弱。你将体会到,觉察的力量愈强,念头的力量愈弱;在强烈的觉察下,念头就会显出它的基本状态,念头变得单一而清晰——这是觉察的结果。

现实中,许多人想尽办法,希望自己的心能够清净一些,能够不受念头的干扰;在这方面,最好的方法是面对念头,不评价,不抵抗,只是觉察。人们心理上的诸多问题与弱点,都与不了解念头有关。当我们太过执著念头的内容,烦恼会不断地被引生出来;而觉察念头,就可以了解念头的本质,同时也可以阻止烦恼在当下生起。我们可以在自己内心进行测试,只要你对念头保持觉察,念头的力量就会被削减,执著的情形同时也会减弱,而烦恼很难从你的觉察中生起。也许你会认为,这种觉察也许会让你丢失一部分意念,丢失的意念可能会有价值;但有经验的人会认为,意念并非越多越好,诸多错误与混乱的念头缠绕在一起,并不会制造智慧,反而是产生错误的源头。

只有智慧才能带来平静,清净的心理是产生智慧的最佳环境。观念就是发现念头的整体运作模式与结构,不再受它的迷惑,不再身陷其中而受念头的束缚。如果你发现自己已经深陷意念之中,只要立刻重拾觉察,当下你就能保持清醒,远离烦恼,并继续你的工作。觉察并不需要另外花费时间,在工作与生活的同时,觉察与其同时进行,它们互不相碍。对现

39

阶段的大多数人来说,只要能时时保持觉察,对自己的一言一行保持觉察,便能更深入地认识自我。我们一直在使用念头,而不知道它的本质;在你使用念头的时候觉察它,真正的智慧将从这种觉察中升起。

**心灵感悟**

当你行走在路上、与人交谈……无论你在做着什么,你身体的每一个毛孔都是开放的,自然地接收着这个世界的每一条信息,注意你的每一个杂乱无序的念头,寻找念头下真实的自我。心向这个世界敞开,专注而透明,你将发现露珠在花瓣上折射出整个世界。

## 07　强大的内心,需要一个声音来唤醒

他心底的那只熊并没有沉睡,不时地咆哮着咬伤他身边的亲人,也咬伤他自己。

——佚名

儿童时期是一个人的个性性格、人生观、价值观的形成时期。从童年长大的我们,天真浪漫的笑脸、星光、摇车、妈妈的脸、父亲的肩头、暗夜中母亲伸过来的双手,恰如一笔不竭的财富,成为我们一生中的力量与智慧的源泉。然而童年的一些伤害却如一粒粒带有毒药的种子,虽然表面上会随着时间而淡化,但它们却会隐藏进人的潜意识里,并慢慢渗透到性格形成之中。

因为随着青春期的到来,部分自我控制力不强的人遇到一些问题,就有可能激活那些原本就存在的内在心理问题,导致疾病。

小 A 出生不久,父母因为她是个女孩便将她送到姨母家寄养,姨母、姨父工作忙没时间照顾她,这使得幼年时的小 A 很孤独,几次跑回家里,都被父母打骂回去,没有一点亲情可言,而小 A 渐渐习惯了贴着墙一个人行走,一个人玩,饿了自己找吃的,在她幼小的心灵中多么希望妈妈能

抱她一下,看到同龄的孩子偎在母亲怀里撒娇,小 A 就会默默地流泪。她在孤独与失落中渐渐长大。求学过程中的小 A 就表现出了强烈的占有欲,和她要好的同学若稍露出对他人的好感,她的反应就特别强烈,甚至会打击报复。时间长了,朋友们都开始疏远她。成年后小 A 交了男友,两个人感情日笃,即使这样小 A 仍然经常检查男友手机短信,跟踪男友,查看他的聊天记录,白天上班时规定男友必须定时给她电话,有一点疏忽她就以为是男友不爱她了抑郁难当,哭闹好几天。男友被她捆绑得几欲窒息,最终闷然离去。

  其实,这就是小 A 心里沉睡的熊在做怪。潜意识中的孤独感不时地侵扰着她,让她表现出一种对他人的强烈占有欲,总想拥有一件真正属于她的事物来填补心灵的那一处苍白。然而没有什么是真正属于你的,除了你自己,建议小 A 面临空虚不安时,不妨问一下自己:"我对这种失落起反应时,内在的感觉是几岁?"精神分析的理论认为,人类的精神活动倾向于躲避痛苦。弗洛伊德的经典精神分析理论认为,压力之中的我们常常会因为自身防御功能而向早年退化,深层潜意识里希望自己能回到童年,像孩子一样生活。童年期间的幸福程度、被关爱程度常常影响成年后的行为和思维。

  某男 6 岁时父亲去逝,母亲改嫁后继父长期对他进行虐待,母亲性情懦弱,逆来顺受。成年后的他性格孤僻、爱恐慌、易激惹,常在噩梦中醒来。心理治疗中有一种疗法可以尝试。试着跳出自己来看自己的过去,可以用两个木偶做道具,帮助你回到以前的记忆,一个是那个欺负你多年的继父,另一个则是那个忍气吞声的被欺负的小孩,重回当年给你造成伤害的情境,与你的"继父"形成互动。那个继父做错了,你批评他,指责他,有什么样的愤怒都对他说出来,如果可以,就告诉他,你原谅他了,如果你感觉不能原谅,还可以再试几次。然后换个角度,扮演六七岁的小孩,被欺负了,要坚强,试着坚强,怎么做才能不被欺负,努力着不去怕他,你可以跟这个孩子对话(一人分饰两角)现在的你可以扮演这个孩子的监护人,帮他想办法走出困境,然后再回到小时候的角色,试着去坚强。这是个有泪水和决断的心理历程,最好是有个心理医生在旁边帮你。儿童时期是维护心理健康的最佳时期,稍不注意,就有可能影响一个人的美好未来。不要再带着童年的框框"行走江湖"了,试着看清你心里沉睡的熊,了解它,不再恐惧它,接受它,如果你尝试去做了,它就会慢慢从你记忆中淡化直至消失。

### 心灵感悟

如果在你的心里也有一只沉睡的熊,那么千万不要让它不时地,叫嚣着主宰你的生活,给你制造灾难,试着与它和解,接受它,也许终有一天你会发现它只是你成长过程的一部分而已。

## 08 面对故鬼,要毅然走出去

> 我所愿意的善,我不去行;我所不愿意的恶,我反倒做了。
> ——圣保罗

很多时候你会发现,许多在别人身上你所反感的事情会于某个时候在你身上不经意地表现出来,让你诧异、忧伤、不解。究其原因,一方面可能是受遗传因素影响和生活习惯的浸染,这主要来自你的家庭。你的亲友对你的影响是最直接的;另一方面则是来自你周围的人群,包括你的朋友、同事、或者只是一个给你留下强烈反响的过客。就拿一个简单的例子来说吧,初中时有一同桌总是和我笑话数学老师走路的样子,直到有一天我忽然发现不知什么时候起,他走路的样子竟然和我们的数学老师神似,而他自己却浑然不觉。我心里非常不好意思却又不知该怎样提醒他,心想,真是应了那句话:笑话人不如人,跋起鞋子赶上人。其实很多时候只是我们在侮辱别人时,那些形象、念头已经不自觉地进入我们的潜意识,虽然我们的外在反应是抵触的、负面的,却没有对此观念形成防御意识,于是在某些适当的场合这些念头和形象就会不经意地以言语或行为表现出来。让你恢复意识时惊诧莫名。宗教哲学上讲人是有原罪的,从亚当

## 第二章 心灵深处，塑造自我

与夏娃在偷吃善恶树上的果子被逐出伊甸园开始，人类就带着他的原罪开始了充满救赎和苦难的旅程。恶的形成一方面的解释为这是人类在用上帝赋予我们的自由意志在反抗上帝。常常在面对生活的繁杂与重复时我们会很无奈，科技时代已经把人衍化成机器，人类的精神焦渴与无奈的呼声越来越深沉，人们在放松精神防御的同时，许多过去的陋习和发生在他人身上的噩梦开始在自身上演。

故鬼重来。人的心灵世界是复杂的。

它时而是天使，时而是魔鬼。

意念可以引导我们做许多事情。一个女士因为童年有受虐与被压抑的经历，成年后不但不能与男友发展成正常的恋爱关系，而且有一种坏毛病，就是一到商场就想偷人家东西，不在意价值，无论多少都得拿一点，不然就会难过，深深地失落。对于她来说这是一件违背人格的事情，所以这件事情致使她长期陷入痛苦与自责中，最终走进了心理诊所。其实很多时候，只是我们自己在和自己作对，心内的挣扎与破碎才是我们不快乐的根源。我们平日里指东道西，挑三拣四，这个人不对，那个人不通情理，这一个又不懂规矩。挑剔别人有时是不自信的表现，我们真正应该面对的是自己，是自己的心灵。停止内心的争斗安住在自己心里，才能不会潜移默化地去模仿别人，因为毕竟做你心中的自己你才是最快乐的。

**心灵感悟**

当发现自己曾一度痛恨的行为和思想发生在自己身上时，不要惊慌自责，人性是复杂的，人生也是不完美的。当我们不再对不完美感到焦虑时，就得到了自由。尝试着和自身的缺点和解，其实每个人都是一样的，大家都携起手来就构成了整个世界。

## 09　快乐之法在于内心的平静

在变化中找到完美平静,就是在涅槃中找到自己。

——铃木禅师

那是在洛杉矶郊县的一个早晨,戴尔正在一所旅馆大堂的餐厅里就餐,他看见有三个黑人孩子,正趴在餐桌上写着什么。当问他们在做什么时,年纪最大的孩子回答说正在写感谢信。他那副理所当然的神情让戴尔十分疑惑。这三个小孩一大早起来写感谢信?戴尔愣了一阵后追问道:"写给谁的?"

"给妈妈。"

戴尔更加好奇。"为什么?"戴尔又问道。

"我们每天都写,这是我们每日必做的功课。"孩子回答道。

哪有每天给妈妈写感谢信的?戴尔感到困惑不已。他凑过去看他们写的信。老大在纸上写了八九行字,妹妹写了五六行,小弟弟只写了两三行。再仔细看其中的内容,却是诸如"路边的野花开得真漂亮""昨天吃的比萨饼很香""昨天妈妈给我讲了一个很有意思的故事"之类的简单句子。

戴尔心头一震。原来他们写给妈妈的感谢信,是在记录他们幼小心灵中感觉很幸福的一点一滴,而不是专门感谢妈妈给他们帮了多大的忙。他们还不知道什么是感恩,但知道对于每一件美好的事物都应心存感激。他们感谢母亲辛勤的工作、感谢同伴热心的帮助、感谢兄弟姐妹之间的相互理解……他们对许多我们认为是理所应当的事,都自然而然怀有一颗"感恩的心"。感恩不一定要感谢谁的大恩大德,但它可以是一种生活态度,一种善于发现美并欣赏美的道德情操。生命本该充满了感动。如果你努力成为更好的自己,努力为别人付出,你就会发现,有那么多人也和你走着一样的路,一样用心去爱着这个世界,你就会觉得自己并不孤独,全世界哪里都有你的弟兄,哪一个都值得你感动。

有一天,我在等公交车。街道上停着一辆轿车,大概是出了毛病。司机打开车盖头,在那里忙碌。正遇当时是下班时刻,等车的人就顺便看那位司机修车。一个小男孩走过去,也探头看他修车。任凭司机怎么摆弄,车子就是不能启动。许是窝着一肚子火,当司机直起腰,看见小男孩站在身边,目不转睛地看他修车,就瞪起眼睛,破口就骂:滚,滚,滚!小赤佬,有啥好看的,弹出来打死你。

我这里就有些来气:这个人,是不是有毛病啊?小学生,还有我们,站在公共场所,爱看什么看什么,又没碍他的事。自己水平有限,修不好,把气出在人家身上,你凭什么骂人呀!我当时真想问他。如果真这样问他,瞧他那副德行,一定会说:骂了又怎样?就骂他,你准备怎样?接下来的场面,我一定是先将自己气得脸色煞白,语无伦次。或者另有被骂的人,也是不甘示弱之士,与他恶语相向,直至大打出手。

却说这个小男孩,将腰直起,整理好背上的书包,看了司机一眼,抬起腿,嘴里哼着歌:今天天气真好,花儿都开了……走人了,根本没理会那个司机的作为。有一句俗语:只当它风吹过,屁弹过。再看眼前发生的事,就这样烟消云散了。

后来,我常常会想起这个小男孩,也和人说起这件事,他怎么就能将这个矛盾化险为夷呢?是小人骂不过大人?是小人打不过大人?是小人还没有学会生气?也许什么都不是。小男孩无视他的呵斥,你不让我看我就不看,你有气,你骂人,那是你的事。也许童心就是单纯的,不计较的,快乐便接踵而至。"不空所以不灵。"是我们让自己压抑,塞给了自己太多的东西,再多一点都已经承受不起。要怪,先怪自己。

### 心灵感悟

打开快乐之门的钥匙就握在我们自己的手中。没有人能够左右你的思想,如果你自己找不到生活的乐趣,别人也不可能帮上你什么忙,因为他不可能把自己的意志强加在你的头上,境由心生,要想过得快乐,就只能依赖自己。

## 10　心中的门，要用心去开启

> 愿我拥有平静，接纳我不能改变的事；拥有勇气，改变我能改变的事；拥有智慧，能知道两者的不同。
>
> ——芭蕉禅师

近年来，许多人都去参加各种教会、各种禅学中心、瑜伽中心乃至进入各种心理学会进行个人成长。我们全都在追寻什么，多数人都有一种在哪里不够完整的感觉，并且在寻找些东西来弥补那份空缺。即使是那些自我感觉良好的人，也是在以不自觉的方式处在某种寻求之中。所有人都在心里抱持着某种希望——企图找到心中失落的部分。

美国"平常心禅"创史人夏绿蒂·净香·贝克在她的著作《生活在禅中》里为我们讲述了一个名为桃乐丝的女孩的故事，读来颇具启发意义。在这里引述如下。

这个桃乐丝可不是《绿野仙踪》里住在肯萨斯州的桃乐丝，她是住在圣地亚哥一栋巨大的维多利亚式的老房子里，她的家族已经有好几世代住在那儿了。家里每个人都有自己的房间，到处还剩下好多空房间，另外还有个阁楼和地下室。当桃乐丝很小的时候，家人告诉她一件怪事情：这栋老维多利亚大厦的顶楼有一间锁住的房间，就大家记忆所及，那个房间永远就是锁着的。有个传言是那个房间曾经被开启过，但是没有人知道它里面有什么东西。它门上的锁也非常古怪，大家都对那个锁束手无策。房间的窗子也全都挡住了；桃乐丝曾经在房子外面架个梯子，爬到窗外，想看看屋里到底是个什么样子，可是她什么都看不到。

家里的人对那个房间都已经习惯了，大家知道它在那儿，却不想对它再多费心思，因此也就没有人再去提它。但是桃乐丝不一样，从她小时候开始，就对那个房间以及房间里的东西着了迷，她觉得自己非要把那把锁打开不可。

## 第二章 心灵深处,塑造自我

　　大部分时候,桃乐丝过的日子和别的人没有两样。她慢慢长大,梳个马尾;到十多岁的少女,梳个最流行的发型,有自己最要好的朋友,喜欢最新潮的化妆,流行歌曲,一切都满正常的。然而她对那个锁住的房间可从来没有失去兴趣,甚至可以说她的生活是被那个房间主宰了。有些时候她会上楼坐在那个房间前面,盯着那扇门瞧着,想知道门后面到底是什么。当桃乐丝再大一点的时候,她感觉那个房间似乎和她自己的人生中那个不完全的部分有些关连,因此她就开始各式各样的训练和修行,想找到开启房门的秘密。她尝试过许多不同的事情:去各处中心,去各个老师那里,寻找把锁打开的公式;她去过各种研讨会,去过让自己重生的教会,甚至试过心理学的催眠术。她什么都试过了,但是没有一样东西能够帮她把锁打开。她的追寻持续了很多年,一直延续到整个大学和研究所的时候;她发展出能够让自己进入各种精神状态的技巧,可是仍然无法把那扇门打开。

　　有一天,当她回到家时,家里空无一人。她爬到顶楼,坐在那个房间前面,运用某种秘教的修行,进入一个深深的冥想境界里。突然之间,她一阵冲动,伸出手去推那扇门——而它竟然慢慢地开启了。桃乐丝非常害怕,在她想要把锁打开的那么多年中,从来没有发生过这种事情;她既恐惧又兴奋,颤抖地强迫自己进入那个房间,她发现自己不是站在一个奇怪、新鲜、美妙和奥秘的房间里,而是回到那栋维多利亚大厦的一楼去了,回到那些熟悉的事物当中。她还是站在老地方,周围看来还是老样子,家俱也还是原先就有的;每样东西都和之前一模一样。几个钟头以后,一方面失望,一方面迷惑,她又上到顶层那个神秘的房间去,结果房门依然是锁着的。桃乐丝是把门打开过——但是也可以说,她并没有开过门。

　　日子还是照常在过,桃乐丝结了婚,生了两个小孩,她和家人仍旧住在那栋维多利亚房子里。她是个好妻子、好母亲,不过,她从来就没有放弃过对那个房间的着迷。实际上,她唯一一次开启那扇门的经验更是激发了她。她花上更多时间在顶楼那扇锁住的门前盘腿打坐,想要再次把门打开;她曾经开过,应该可以再开一次!真的,在她多年尝试以后,终于

47

又发生了:她一推门,门就开了。她兴奋地对自己说:"这次一定没错了!"她穿过门去——发现自己又再一次地回到那栋维多利亚房子的一楼,跟自己的先生孩子在一起。她飞奔上楼,到那个神秘的房间一看,她看到什么呢?门依旧是锁着的。

有什么办法呢?锁住之门就是锁住之门。桃乐丝继续过她的生活,孩子们渐渐长大,她增添少许白发。她照样花很多时间在那扇门前打坐;她算是一个满尽职的妻子和母亲,但是她的注意力还是大部分都在那个房间上面。她是一个坚持、勤勉的人,不轻易放弃。每过一段时间,她就能够把门打开,穿过门去;而每次却还是都再回到一楼来,回到她过活的老地方。在这些事情发生的同时,那栋房子慢慢地被东西塞满。家里每个人都好像在屯积越来越多的东西,原先的空房间全变成废物储藏室了。房子里面充满了东西,以至于根本没有让客人落脚的地方,连桃乐丝自己和家人都快没有空间了。整栋房子只剩下桃乐丝、她先生和孩子走动的地方——这样子算是正好,因为大家都只专注在自己的事情上面,对于照顾其他事情根本就连想都没时间去想。

渐渐地,桃乐丝的着魔磨掉了不少,她开始不再那么挣扎,不再花那么多的时间坐在那扇门前。如今,她会把时间花在自己的孩子和孙子身上,并且开始照顾房子:把地板重新翻修,把窗帘重新换过等;她的注意力慢慢地从那扇锁着的门转移回来,回到处理每天应该处理的事情上面。这是一个缓慢的过程。她偶尔还是会上楼,看着那扇门,然而她知道自己即使能够把门打开,照样没有什么好期盼的,气馁、失望渐上心头。她越来越不把这件的事情放在心上,只是过着她的生活,一瞬间又一瞬间地照料事情。有一天,当她在顶楼上面的时候,不经意地望向那扇锁住之门,天啊,门是敞开的!门内,清清楚楚是一间客房,有张舒服的床,有个五斗柜,以及让客人舒服惬意的其他布置。

见到这间宽大、美好的客房,桃乐丝觉察到整栋房子其他部分这些年的改变,她看到每样东西的拥挤狭促,看到要在房子里面四处走动的困难。有了这个认知以后,改变就开始发生了。桃乐丝甚至不需要做些什么事情,那栋老维多利亚房间就似乎在自动开始清除许多废物,房子里面能够放东西和让人走动的地方越来越多,出现了许多空间。仿佛原先堆积在四处的废物都是些不实在、幽魂似的东西,根本就没有真正存在过。房子恢复了原状,到处有多出来的房间,可以接待很多客人。桃乐丝如今发觉:那扇门根本从来就没有上过锁,是她自己僵硬地推门而使得那扇门紧紧地闭着。

桃乐丝发觉自己终生在追寻的其实就是自己生命的本身:家人、客人、房子、房间;他们全都是上帝之脸。

直到我们把这个事实看得清楚之前,就非得走过许多迂回与间道、经历许多失望和疾苦不可——这些都是我们人生的老师,我们所有的挣扎都是对那扇门学习的一部分。不过,我们看不出这点来,否则我们就不会如此折磨自己和折磨别人了。我们不仁慈、我们不诚实、我们喜欢操纵一切;只要我们勘透了生命的本质,一切就都会不一样了。

### 心灵感悟

每个人心中都有一扇门,成长的过程有一些伤害和痛楚在所难免,重要的是我们要去除执拗,专注于生活本身,日子久了你会发现,那所谓的门,其实只是我们自设的樊笼。

# 第三章

## 聆听心音，分享成功

　　一个人眼中的世界总是从心灵深处开始的，从那里探出无形的触角，向外延伸、扩展……最后构成他在现实生活中的世界。一个人外在的表现与他内心的世界是息息相关、相辅相成的，一个人心中怎么想的，他看到的就是什么。同样的半瓶子酒放在那，悲观主义者会说，这么好的酒就剩半瓶了；而乐观主义者却会这么看，这么好的酒还有半瓶呢。表述不同，心态不同，就在于你看见了什么。世界在不断变化，唯有适应才是一种进步，不断地调整自己去改变，才是不断的进步。努力去学会改变自己的意识，相信上苍的厚赐，努力终有回报，守旧的人永远无法让生活变得五彩斑斓，只有学会改变的人，才能登上人生成功的巅峰。

## 01　山高人为峰，做最好的自己

　　洗一个澡，看一朵花，吃一顿饭，假使你觉得快活，并非全因澡洗得干净，花开得好，或者菜合你口味，主要是因为你心上没有障碍，轻松的灵魂可以专注于肉体的感觉，来欣赏，来审定。

——钱钟书

　　心之海无边。人的心灵世界是复杂而博大的。"拥有一个健康的心态"不但成为人们对自身高质量生活的一个界定标准，也成为成功人士的必备素质。另外，日益激烈的生存竞争时刻在提醒人们要时刻关注自己心灵的健康。这里有几条心灵体验，愿与大家一起分享。

　　首先，要学会勇于接受。在这个世界上我们随处可见有些人的生命如一篇动人的乐章，如此美好，可以萦绕人们心头，久久无法忘怀。有些人的生命却聒噪刺耳成不了谱。有的人将每天的生活当做一场战争，如华山论剑一样试图在全力的拼杀中创出一番天下；有的人生性懦弱，遇到困难就退缩，受到一点伤害就躲在角落里舔吮内心的伤口。殊不知，你的争斗已把自身与外在世界对立起来，你是孤立的、孤独的，你将永远都逃不出内心的恐惧。你的软弱也是心灵收缩的一种表现，你越是执著在你所受的伤害上，就越逃不出内在的小我，走不出苦痛的旋涡。人的生命是有时充满苦难，各种外来的挫折、压力、伤害、侵扰总是接连不断，不期而至。一位禅师说过，愿我们拥有平静，接纳那些不能改变的事；拥有勇气改变那些能改变的事；拥有智慧，能知道两者的不同。勇于接受并不是让你安之若命，随波逐流。是要你安住在生命的苦痛和不可预知里。只有接受它才能驾驭它，才能敞开自我，将自身融入到生命的洪流中去。

　　其次，积极乐观去生活。在《悲惨世界》里雨果以深刻的笔触勾画出了小伽佛洛什这样一个善良、乐观、天真无邪的巴黎野孩的形象，他像风雷中的闪电，又如大自然的精灵，读来引人遐思、让人充满振奋和感动。

● 第三章　聆听心音,分享成功

　　人的心灵世界是复杂的,一念之间可以一花一世界,一沙一天堂。你向世界微笑,世界同样也会向你微笑。我们要学会每一天都给自己一个积极的自我暗示,你的潜意识会接受你对自我的暗示,引导你日常的行为向你所期望的状态去发展。

　　再次,要拥有一颗感恩的心。每个人都有属于自己的心路历程。每个生命的来临都是一种奇妙,一个偶然。如果我们能以一颗感恩的心去看待自己和生活,那么一个沾满晨露的花瓣、孩子无邪的眼神、斜上天空的燕子、乃至一个善意的微笑……都将向我们昭示着一种幸福、一分美丽。学会爱自己与爱他人,人生就像一场接力,将美好与希望无限地传递下去,滋润着每一个生命。

　　最后,要活在当下,充满专注力。艾默森曾经说过一段很美的话。

　　"这些开在我窗下的玫瑰,和以往的玫瑰或其他更美的玫瑰一律无关;它们长什么样就是什么样;它们与今日的上帝同在。它们没有时间的概念,只是单纯的玫瑰,存在的每一刻都是最完美的。然而人类不是延续便是回忆;他不活在当下,回顾的眼睛总是悲叹过去,忽视周遭种种的富饶,他总是踮起脚尖望向未来。除非他能超越时间活在当下的自然中,否

53

则他不可能快乐、坚强。"每个人的一生,都被自己播下的热情追逐着。那么别忘了在积极进取的同时葆有一颗沉静的、觉察的心灵,向这个世界展现最好的自己,你的步伐才能更加坚实、有力。

**心灵感悟**

生命有时寂静无声,有时疲惫不堪,有时转瞬即逝。但对于我们来说,只要践踏过这片土地的尘埃,数过这一片天空的星星,观赏过这一路的风景,仍不失为一种完美。

## 02　握紧心灵的钥匙,扬帆远航

这样就站起来吧,我的民族!如果自己的两手和心灵的力量,这个力量是再大的灾难也不能摧毁的。

——山陀尔·裴多菲

每个人的一生中难免有一些缺憾和不如意的事情,如果你放大这个缺憾和不如意,那你将永远生活在阴影之中。也许我们无力改变生活中的缺憾,也许我们无法避免人生中的苦难,我们心灵的力量是无穷的,如果你用不同的心态来对待生活中的缺憾和苦难你就会拥有完全不同的人生。

缺憾仿佛一道伤疤,不仅需要疗伤,还需要"根治",也只有如此,一个人才可能走出其中的阴影。

1858年,一个普通的女孩来到了人世,但不幸的是,孩子出生后,不久就患上一种无法医治的瘫痪症,丧失了走路的能力。虽然家境富有,但是也没有能力治疗孩子的疾病。

孩子七岁那年,她和家人一起乘船去旅行。在旅途中,船长的太太对孩子说船长有一只天堂鸟,孩子立刻被那只鸟深深吸引了,非常想亲自看看。于是,保姆把孩子留在甲板上,自己去找船长。急于见到天堂鸟的孩子,实在没有耐心等到保姆的归来,她要求船上的服务生立即带她去看天

## 第三章 聆听心音,分享成功

堂鸟。而服务生并不知道孩子的腿不能走路,便带着她去看那只美丽的小鸟。这时,奇迹发生了,孩子因为过度渴望,竟忘我地拉着服务生的手,慢慢地走了起来。孩子的病,竟然就此痊愈了!这个女孩,就是历史上第一位荣获诺贝尔文学奖的女性——茜尔玛·拉格萝芙。

在世上,每一颗普通的心灵里,都潜藏着无穷的能量,这种能量一旦爆发出来,将促使一个人创造出伟大的业绩。

也许我们在这个世界上拥有的东西很少,既没有一个优越的静听环境,也没有一个聪明的大脑;既没有渊博的学识,也没有漂亮的容貌;既没有良好的机遇,也没有贵人的援手……但是只要我们还活着,就拥有一颗心、一颗时刻有力地跳动的心、一颗潜藏着无限能量的心。只要我们相信自己的心灵,只要我们相信这颗心能够源源不断地释放出巨大的能量,那么,这个世界上就没有任何力量能够阻止我们前进的脚步。

人的一生中遗憾的事情,总是在所难免。我们首先要能够正确地面对人生的遗憾,当你面对一件想不通的事情的时候,不要纠缠在里面,一遍一遍地问为什么。而是要把自己解放出来,以理智的头脑去看待遗憾,去化解遗憾。

化解遗憾第一个前提是先认可这个遗憾的存在,在最短的时间内把这件事接受下来。说好了,这就是一种安排,我已经知道有这个遗憾了;第二个态度是尽可能地用自己所可以做的事情去补足这个遗憾。

印度诗人泰戈尔曾经说:"如果你因为失去月亮而哭泣,那么你也将失去星星了。"如果你总看着自己人生的遗憾,你总在背负着这个遗憾,这个遗憾能被放大到多大呀!甚至这个遗憾有可能会变为你生命中的一个阴影。这个阴影对你的生命质量是会有所损害的。

人的一生中常会出现这样的时刻,命运弄人,生活中充满了不幸;人生中也常常会有这样的转折,得失成败,一念之间……在这样的时刻,我们需要心灵的力量。有了这股力量,在人生风雨如晦之时,我们一定还能收获晴空万里的心情;在寒冷的季节,我们一定能守候到温暖的日子;在凋零寂寞之时,我们一定能重现盛开的灿烂,只要相信心灵的力量。

心灵的力量是无穷的。相信心灵的力量,在快节奏的现代生活中,我们就不会被金钱所左右,能够保持沉稳与宁静的心情,朝赏春花秋月,晚看星光满天。

相信心灵的力量,在身处激烈竞争的环境中,就能够学会保持轻松与平和,让自己笑到最后、笑得最恬淡。

相信心灵的力量,在面对人生的困境是,就不会被一时的挫败蒙住自己的双眼,选择坚强与豁达,守得云开见月明!相信心灵的力量,在婚姻烦闷、爱情消逝之时,让我们选择理智和仁爱,让曾经的喜悦沉淀为温暖的记忆,让心情滋润而美丽!

### 心灵感悟

心中有了感激,便少了烦躁与无助,多了崇高与宁静,多了前进的力量,多了面对坎坷和挑战的勇气。心中有了感激,就会拥有永远的快乐,就会更懂得珍惜,我们的心灵也就会变得更加充实而有力……永葆心灵的力量,你会发现,"如果你认为你是出色的,那么你就是出色的"。

## 03 孤独——难得的"花开"

雨停了,云散了,
天又晴了。
你的心若纯净,世界的一切也都
纯净……然后
月亮和花朵将指引你
前行。

——(诗人)良宽

卡耐基说过,孤独使我们对自己更坚强,对别人也更友善,两者都会使我们的生活变得更加健康、明朗。

卡耐基指出,一个人独处,可以有两种含义:一种是寂寞,是痛苦的;而另一种则是快乐的,就是孤独。能够享受孤独的人一定是强者、智者,

57

发掘孤独等于是发掘了许多可以独自享受的乐趣,但是很不幸,大多数的人都没有发掘到独处的快乐含义。对于大多数的人而言,独处往往是痛苦的那一层含义。他们只要被迫独自待上十分钟,就会坐立不安,当这些人必须独处的时候,立刻就会感到寂寞。都市生活的一大弊端就是人际隔离,都市中到处是人碰人、人挤人,但彼此互不认识、互不关心,结果形成的现实是人与人之间的物理距离越近,心理距离越远,这就是所谓的孤独感。寂寞的人往往因为没有朋友,不肯在休闲的时光中从事任何积极的活动,哪怕这些活动其实自己一个人也可以完成。经常可以看到很多人干这件事要拖个伴,干那样事也要找个人陪,似乎没有一个同伴他们就无法专心去做事。

事实上,不管你是已婚或是未婚,也不管你是置身于人群,还是独居一室,只要你对周围的一切缺乏了解,你就会体会到孤独的滋味。孤独并不单纯是独自生活,也不意味着独来独往,一个人独处,可能并不感到孤独,而置身于大庭广众之间,未必就没有孤独感的产生。一些习惯了孤独的人,懂得充分地享受孤独提供给他的闲暇时光,生活中的许多活动都是充满了乐趣的,而孤独使你能够充分领略它们的美妙之处,这种福分不是那些忙忙碌碌的人可以享受的。

许多有过痛苦经验的人都说,当他们遭到生活的打击而又不能够对人讲诉时,他们会不由自主地主动地去被清爽的江风吹着,心情就会渐渐开朗,独处时的感受反映了某种内在智能和安全感,世上有许多人缺乏这种自我平衡能力和内在的安全感。古往今来的大智慧者,完成自我实现的人都渴望孤独,珍惜孤独并享受孤独。

生命给了花开的机会,花开多美,可是不能永存;生命给了花落的无奈,花落多悲,可也只是瞬间!"岂有豪情似归时,花开花落两由之。"成功与失败,得与失,都只不过是人生沧海中的一粟。笑对人生,以宁静淡泊的心态对待生命中的每一瞬间。

### 心灵感悟

"我今不复到园中去,寂寞已如我一般高,我夜坐听风,昼眠听雨,悟得月如何缺,天如何老。"戴望舒的句子中流淌出太多的感动和静对人生的风雅。身边的我们也应让自己安住在寂寞和孤独里,让生活渗透进来,让日子充实着我们,体会平凡中的那一份宁静和淡然。

## 04　调整心态,快乐前行

穷人和富人之间不同的是对待事情的心态。

——王路

当一个人处于一种难以解脱的精神困惑时,从原有的生活环境跳出来,让自己因关注其他的事情而减轻以往不悦的精神,无疑是一个改变心态的良方。

我们生活中绝大多数人都在过着一种循规蹈矩的、平平淡淡的日子,这没有什么不好。但为什么我们觉得生活没有什么意思?这是因为我们心灵深处的某些东西受到了压抑,认为也没有什么"临危不惧的英雄本色""天降大任于斯人"等诸如此类大显身手的机会,很多人失去了激情与活力,留下的只是一种疲惫懈怠。作家叶天蔚曾经写过这样一段话:"在我看来,人生最糟糕的境遇不是贫困,不是厄运,而是心境处于一种无知无觉的疲惫状态,感动过你的一切不能再感动你,吸引过你的一切不能再吸引你,甚至激怒过你的一切也不能再激怒你,即使是饥饿感和仇恨感,也是一种强烈让人感到存在的东西,但那种疲惫会让人不住地滑向虚无。"

这是一种很可怕的状态,也许你不可能换一种更能激起你热情的工作,也许你更不能去重新组合家庭,但你可以改变心态,给生命画布中适当地增加一些色彩,如红黄蓝,保持住心灵的年轻与弹性。其实生活本身与世界本身都是多姿多彩的,关键是看你有没有一颗善于捕捉的心。

工作地点没变,你可以换换上下班的方式或乘车路线,假如你每天骑自行车,今天你可以乘坐公共汽车,观察一下周围匆匆忙忙的各种表情的人群;工作内容没变,但可以换一种方式看看是否提高了效率,或许会得到意想不到的结果;周末是否全家出去看场美国大片;节假日是否狠心去吃顿大餐,体会一下到豪华场所消费的快感;安排些力所能及的旅游项目,去看看秋叶泛黄显红、万里长城的雄伟;试着动手拆装自行车、电视机,看自己是否比你想象中的还要心灵手巧;培养一些适合自己的业余爱好,坚持下去就会发现其乐无穷;搞些可能的投资活动,买点股票……

**心灵感悟**

晴天雨雪,酷暑严霜,一日三餐,朝九晚五,也许生活环境难以改变,但你可以改变心情。永远怀着感恩的心情去体验造物主的厚赐,带着积极的心态去体会每一点变化的不同。你可以有无数种改变可选择,把一潭波澜不兴的死水变成欢快奔流的小溪。

## 05 沉默——为生活打开一道出口

虽然言语的波浪永远在我们上面喧哗,而我们的深处却永远是沉默的。

——纪伯伦

在一般工薪阶层的心目中,相信没有什么是比遇到一个爱挑剔的上级更令人沮丧的事情。下班后回到家里,你可能依然怨气未消,蹙着眉,对身旁的人怒目而视,随时准备迁怒他们。可是,静心一想,他们招你惹你了?

毫无疑问,他们根本没错,你对亲人肆意放纵,也许能获得一时的快感,从他们身上找一点平衡,但这却是治标不治本的愚蠢行为——让家人

第三章 聆听心音,分享成功

伤心而且不能让你的上司不再挑剔。正视问题,尝试与你的上司和睦相处,针对事情而不是针对人,努力不把工作上的事与烦恼带回家,对不同的上司采取不同的态度。例如:上级蛮不讲理、无理取闹的时候,你应当毫不示弱、据理力争,抱着"错了我会承认,不是我的错而让我承认,恕难照办"的态度;上司非得鸡蛋里挑骨头,你就尽量少开口,以不变应万变。这样,你会工作得快乐一点。

老板故意跟你过不去,处处刁难你的原因多种多样、举不胜举,你也不必仔细琢磨、忐忑不安。虽然你的自尊很宝贵,但对付那些根本不讲理的人,又怎能计较那么多? 不如相信"沉默是金"。

避免成为工作奴隶的有效方法,是变为它的主人。同样,想获得老板的尊重,首先你要自尊自爱,严以律己,言行一致,办事有原则,人家自然对你不敢小觑,就算是老板也不例外。英国一位作家在他的一本畅销书籍《工作、老板与你》中这样写道:"一个好的职员,除了要有优秀的工作表现外,还需要懂得与其他同事相处,尤其是处理好与上级的关系。"

假如你以为理论始终是理论,知易行难,这样的想法显然是错误的。实行起来十分简单,少说话,多做事。你只要把自己分内的工作完成妥当,切勿"练精学懒",祸从口出。开始做事以前,先弄清楚老板的要求与工作期望,踏踏实实,自然就能减少出错的机会,也就减少了他挑出毛病的机会。此外,老板在责问你的时候,你要学会保持沉着冷静的态度,不要在心理上败给他,你也不必急着为自己辩护,要坚定地看着对方的眼睛,并且适时适度地运用沉默的力量。如果老板的挑剔没完没了,你的沉默就是最好的反击。

长时间的沉默会给人造成极大的心理压力。我们常常可以在电影、电视中看到这样的场景:监狱中有一个叫做禁闭室的房子,用来惩罚不听话的犯人。房间不仅非常狭窄而且最重要的是那里既见不到阳光又没有人可说话,犯人就那么静静地待着,一待几个星期或者更长。事实上,正常的人即使是在里面关上一天都感觉度日如年。因为人性是排斥黑暗和沉默的,沉默使人感到没有依靠,有的时候真的可以让人为之疯狂。所以犯人常常会沉不住气，该说的就都说了。

正因如此，许多谈判桌上的高手才经常会利用"沉默"这张牌来打击对手，他们可以制造沉默，也有办法打破沉默，利用沉默来达到目的。

台湾有一个经营印刷业的老板，在经营多年之后想要退出印刷界。他以前从国外购进了一批印刷机器，经过几年使用后，扣除磨损应该还有240万美元的价值。他在心里打定主意，在出售这批机器的时候，一定不能低于240万美元的价格出让。有一个买主在谈判的时候，滔滔不绝地讲了这台机器的很多缺点和不足，这让印刷公司的老板十分生气。就在他忍不住要发作的时候，突然想起自己240万元的底价。于是，他冷静了下来，一言不发，任凭那个人继续滔滔不绝。那个人说了几个小时后，看着一言不发的印刷公司老板，再没有说话的力气了，突然蹦出一句："嘿，老兄，我看你这个机器我最多能给你350万元，再多的话我们可真是不要了。"于是，这个老板很幸运的比计划多赚了110万元。

沉默当然不是指简单地一味地不说话，而是一种成竹在胸、沉着冷静的姿态。尤其在神态上更是要表现出一种优势在握的感觉，而逼迫对方沉不住气，先亮底牌。这只是表达力量的一种技巧，而不是本身就具有优势力量。

### 心灵感悟

"静者心多妙，超然思不群"。沉不住气的人在冷静的人面前最容易失败。因为急躁、不自信的心情已经占据了他们的心灵，他们没有心思来考虑自己的处境和地位，更不会认真地坐下来平心静气地思索真正的对策，也最容易让别人钻自己的空子。所以，无论在挑剔的上司还是在难缠的谈判对手面前，适时的沉默都是一种智慧，一种技巧，一种优势在握的心态。

## 06　习惯，成败之间的利剑

好的习惯主要是依赖于人的自我约束，或者说靠人对自我欲望的否定。

——比尔·盖茨

习惯是人们在不经意间积累起来的思想行为，它默默无声地生长、发芽、开花、结果。好习惯可以开出芬芳的花朵，长出香甜的果实；坏习惯或许会使花儿枯萎或是果实酸涩。一个人的习惯，在一定意义上反映着一个人的文化教养和精神追求。不同时代、不同民族、不同文化修养的人，在习惯上有很大的不同。

——一个流浪的疯子在寻找点金石。他褐黄的头发乱蓬蓬地蒙着尘土，身体瘦得像个影子。他双唇紧闭，就像他的紧闭的心门。他的烧红的眼睛就像萤火虫的灯亮在寻找他的爱侣。

无边的海在他面前怒吼。

喧哗的波浪，在不停地谈论那隐藏的珠宝，嘲笑那不懂得它们的意思的愚人。

也许现在他不再有希望了,但是他不肯休息,因为寻求变成他的生命。就像海洋永远向天伸臂要求不可得到的东西,就像星辰绕着圈走,却要寻找一个永不能到达的目标。

在那寂寞的海边,那头发垢乱的疯子,也仍旧徘徊着寻找点金石。

有一天,一个村童走上来问:"告诉我,你腰上的那条金链是从哪里来的呢?"

疯子吓了一跳——那条本来是铁的链子真的变成金的了;这不是一场梦,但是他不知道是什么时候变成的。

他狂乱地敲着自己的前额——什么时候,呵,什么时候在他的不知不觉之中得到成功了呢?拾起小石去碰碰那条链子,然后不看看变化与否,又把它扔掉,这已成了习惯;就是这样,这疯子找到后又失掉了那块点金石。

太阳西沉,天空灿烂。

疯子沿着自己的脚印走回,去寻找他失去的珍宝。他气力尽消,身体弯曲,他的心像连根拔起的树一样,萎垂在尘土里了。

许多心理学家一致认为,习惯实际上不仅仅影响我们的个人生活,也在引导着整个社会结构的心理机制的改变。

习惯的力量起初看起来似乎很微弱,弱如一滴水、一段绳,几乎让人们感觉不到它的存在,但绳锯木断、水滴石穿,习惯的力量就存在于类似断木与穿石这种持之以恒、坚持不懈的重复之中,等你能够感觉到它确实存在的时候,它的力量已经大得足以撼动山岳了。

## 心灵感悟

在现实生活过程中,习惯可以说是无处不在。好的习惯是成功的基石,是成功的源泉。养成良好的习惯,才不会被自己打倒。坏的习惯是害群之马,是成功的绊脚石。

## 07　正确的思考,是改写成功履历的通途

> 聪明睿智的特点就在于,只需要看到和听到一点,就能长久地考虑和更多地理解。
>
> ——布鲁诺

"我思,故我在。"思想是人本身最重要的东西,一个没有思想的人,如同行尸走肉一般,失去了生存的价值和意义,笛卡儿在抽象层次上说出了思想才是人类存在的依据。做一个有思想的人,才能获得人格意义上的独立,才不会依附于别人的身边,才是真真切切地实现自我。

在这个世界上,有思想、会思考是成功人士与一般人最大的区别。思想,就像一个隐藏在人的头脑中的宇宙,蕴涵无穷的力量。一个有思想的人与其他人的主要区别就在于其经常思考。遇到问题或迷惑时,不是像一般人那样,完全依赖别人的决策,或者向书本和陈规索要答案,而是在"听人说"和"看书"的基础上,通过自己的思考来辨别真假。在这个过程中,又学会了新的知识。

在一个水平面上,有一只蚂蚁,它想从 A 点爬到 B 点去。当然,一般情况下它可以达到目的。可是问题是,现在有人在这个平面上放了一块隔板,把 A、B 两点隔开了。这样,在蚂蚁的眼里,由于它的视野局限在平面内,它就认为平面被分割了,A 和 B 点不在一个平面即二维空间里,因而它无法到达目的地。但是对于一只蚊子来说,因为它的视野是在三维空间中,跳出了二维空间的局限,所以它很容易从空间其他通道到达目的地。

这个例子说明人的思想越开阔,视野越宽广,成功的可能性就越高。既然二维的空间有局限,就应该突破它,在更深远的空间和层次上思考问题。人的一辈子会遇到很多问题,但如果真能琢磨透一两个,就会给我们的生活带来莫大的影响。

在这个社会里,有些人好像变得越来越懒惰了,什么事情都不愿意自己思考,什么东西都用"傻瓜式"的,等真正遇到问题的时候却傻了眼,束手无策,这是因为长期不思考导致自己已经丧失了独立思考的能力。这不能不说是一大悲哀。

英国著名物理学家卢瑟福,经常教导身边的人要学会思考。有一天深夜,他走进实验室,看见他的一个学生仍然伏在工作台上忙碌着。卢瑟福问道:

"这么晚你不睡做什么?"

"我在工作。"学生答道。

"那你白天做什么呢?"

"在工作。"

"那么你早晨也工作吗?"

"是的,教授,早上我也工作"

卢瑟福问道:"这样一来,你用什么时间来思考呢?"

在你办任何事情的过程中,每一天你都必须把思考的时间留出来,这样就可能想出许多成事的新点子。

我们要拥有自信,要有乐观的心境,经常对自己做有建设性的暗示,预期的情况会十分顺利。举例而言,在参加入学考试时,若把最后5分钟想成"只剩下5分钟了",则容易使自己陷入紧张与悲观的气氛中。如果能作"还有5分钟"的想法时,心理上就比较从容与乐观。"只剩5分钟"的想法是破坏性思考,易产生紧张、焦虑,使脑内一片空白,记忆的再生机能麻痹而答不出来,完全是一种破坏性的自我暗示。但假如利用"还有5分钟"的从容感,则可能产生出数倍的力量。产生灵感或构想的最佳时机,是在心情完全放松的状态下。具备建设性的思考方法,将使你成为乐天派,又因具有自信心的缘故,会促使你构思强化、灵感如泉涌。

思考是一个人能力的体现,一个能够独立思考的人往往能够得到领导的重用。这样的人能够独当一面,而那些人云亦云的人永远只是平庸之辈。

路是人走出来的,好主意是人想出来的。很多事情不是"不可能",而是"想不到"。刀不怕磨,脑子越用越灵活。你思考得越多,你的思维能力就越强,你分辨事物的能力就越强,你处理问题的能力也就越强。所以,从现在开始,学会独立思考吧!

### 心灵感悟

生活是丰富多彩的,所以人的一生必将面临各种各样的事情,在生活中学会思考,你才会有一颗冷静的心;学会保持冷静,大脑的思路才会清晰,从而才能客观地看问题。才不至于在问题出现时,手足无措。

## 08 换一种"角度"看实物

发挥积极的主观能动性,就能理清错乱的头绪。

有一位牧师正在考虑明天如何布道,却总想不到一个好的讲题,很着急。他6岁的儿子总是隔一会儿就来敲一次门,要这要那,弄得他心烦意乱。

为了安抚他的儿子,不让他来捣乱,情急之下,他把一本杂志内的世界地图夹页撕碎,递给儿子说:

"来,我们做一个有趣的拼图游戏。你回房里去,把这张世界地图拼成原来的样子,我就给你一美元。"儿子出去后,他把门关上,得意地自言自语:

"哈,这下可以清静了。"

谁知没过几分钟,儿子又来敲门,并说自己已经把图拼好了。他大惊失色,急忙到儿子房间一看,果然那张撕碎的世界地图完完整整地摆在地板上。

"怎么会这样快?"

他吃惊地望着儿子,不解地问。

"是这样的,"儿子说,"世界地图的背面有一个人头像,人对了,世界地图自然就对了。"

牧师爱抚着小儿子的头若有所悟地说:"说得好啊,人对了,世界就对了——我已找到明天布道的题目!"

**心灵感悟**

你是你的世界中的关键,营造你的世界靠的是你。用心去感受,你的世界将会更好。

# 09 逆向思维可以改变世界

好的教育是打破青年们头脑中的思维定式,使他们的智力思维像火一样燃烧起来。

——佚名

改变自己胜过改变他人,关键时刻逆向思维能助你拨云见日。人生之路千万条,要想取得事业上的辉煌,向自己的目标进发,就必须大胆地多方位地探索、不盲从、不随俗,要对传统思维方式中错误的、陈腐的东西进行舍弃,要沿着多种方向,从全新的角度,去解决目标实施时所遇到的问题。因为决不止一条道通向希望的罗马。当改变不了这个世界的时候,就必须克服困难改变自己。

穆罕默德说:"坚定的信念足以移山。"有人刁难他说:"那么现在请您把山移走。"穆罕默德只好应承说:"某月某日,我令山移走。"到了那天,山没有动静。穆罕默德一点也不惊慌,神态自若地说:"山呀,你要移动,你要过来。"说了许多次,山还没有动静。穆罕默德依然一点也不惊慌,神态自若地说:"假如山要移动,大家都会被压死。神爱世人,所以不让它出来。虽然山不来,我却可接近它。"

这段话意在说:对于无法实现的目标,改变已是不可能了,但这并不

● 第三章　聆听心音,分享成功

意味着绝路,此时,请你尝试着改变自己。也就是所谓的运用逆向思维来解决问题。所谓逆向思维,就是突破传统性思维方式,对事对物反过来想一想,以达到创造机会的目的。所以我们可以戏称这种善于逆向思维的人为"反动派"。有逆向性思维的人,在生活中的表现常常令人称奇,"他为什么会想到这样干呢?"

相传北宋史学家司马光,童年时代就常常表现出聪敏过人。有一天,司马光和许多小孩一起在一个大花园中玩耍,有一个小孩在爬假山时,脚下一滑,跌进了假山下一口足有大人高的盛满水的大花缸中。别的孩子一见,个个惊慌失措,呼叫着四散而逃。而司马光见状,却不慌不忙,搬起一块大石头,狠命地朝大花缸砸了过去。水缸被砸破了,水哗哗地流光了,落水孩子终于得救了。按照通常的做法,小孩落水,都是采用从水中将之抱起来的"传统救法",而司马光却一反常规,用砸缸救人的办法救出了小孩。因为根据当时情况,还没有人能一下子从大花缸里抱起落水的孩子,虽然花缸被砸破了,但却达到了迅速救人的目的。司马光采取这种救人方法就是依靠逆向思维来完成的。

人有逆向思维是很正常的,每个人的生命伊始,都是头向下而出来的,因此人类拥有逆向思维也是顺理成章的,从反方向思考,或把问题颠倒过来看一看,往往能别有一番见解,这种事例在日常生活和工作中很多,由于它能出奇制胜,灵活多变,"反其道而思之",反而取得意料不到的成功。

**心灵感悟**

别把自己太当回事,有的时候改变自己才真正地清除了成功路上的绊脚石。而逆向思维又是成功路上的一种捷径,它缩短了行动与目标之间的距离。它的匠心独运、别出心裁,往往为你的理想作出了独创性的贡献。

## 10  平和的情绪,是迈向成功的第一步

每个人身上都有一口泉眼,不断喷涌出生命、活力、爱情。如果不为它挖沟疏导,它就会把周围的土地变成沼泽。

——马克·拉瑟福德

人是一种具有思维和感情的动物,生活中有时会遇到种种不如意。每个人难免都有情绪波动的时候。人的情绪不是由于某一件事情直接引起的,而是因为经受了这一事件的人对事件的不正确的认识和评价,形成了某种信念,在这种信念的支配下,导致了负面情绪的出现。

为人处世,应该具备良好的心理素质,善于控制自己的情绪。遇事不动气,遇气不发怒,理智地考虑与处理好不期而遇的事情,不能感情用事。做到处变而不惊,遇变而不恼,保持一颗平和与宁静的心。

如果不能适时地控制自己的情绪,可能会无意之中伤害到无辜的人,

有可能使人际关系变得疏远,有时也会有损自己的形象。消极的情绪,会在心底埋下不良的种子,致使情绪低落下去,严重时会毁灭一个人;反之,积极的情绪会造就一个人,我们要学会克制、控制自己的情绪,做自己情绪的主人。

成败与否,心态和情绪起着至关重要的作用。要成就一番事业的人应该学会心理调控,学会走出消极的心态。

对于那些失败者而言,他们往往被"情绪包袱"压得喘不过气来。我们经常看见很多人为了芝麻绿豆大的事情而怒容满面,甚至与其他人大打出手,这是欲成大事者的大忌。我们每个人都避免不了动怒,愤怒情绪是人生的一大误区,是一种心理病毒。

如果你是一个想成就一番事业的人,就应该时刻注意,学会制怒,不能让浮躁愤怒左右自己的情绪。

世界著名的投资大师巴菲特,一生获得了巨大的财富。但是,巴菲特也有一时不小心造成错误投资给自己带来损失的时候,而造成错误投资的根本原因就是浮躁易怒的情绪。巴菲特自己也不否认,在很久以前,他曾经是一个情绪非常浮躁的人,常常为了一些影响不大的事情而焦虑、发怒。在经过一次失败以后,他学会了控制情绪。当时,巴菲特因为很多杂事而劳累,而且,这些杂事根本就不是他本人的,而是帮助家里的一些亲戚。那时由于经济危机,投资的风险增大,每一个投资者都小心翼翼,谨慎投资。但巴菲特却不一样,因为被一些事情烦恼,没有经过任何思考就匆匆投资。

结果,巴菲特的投资陷入了困境,那一次的损失非常惨重,令他元气大伤。直到很多年以后,巴菲特依然心有余悸。他说:"那次投资失败,不是自己的能力有限,归根究底是我自己的浮躁易怒情绪在作祟。如果不是这种情绪,在投资之前稍微考虑一下,就不会做出这样愚蠢的投资。"

其实,发怒是一种完全可以消除与避免的行为,它是你经历挫折的一种后天性反应。理智是控制浮躁情绪的基本保障。也许你是一个能力超群的人,也许你是一个拥有创新想法与奋斗力量的人,但是,拥有理智就

71

是如虎添翼。

总之,我们每个人都应当提高自己控制愤怒情绪的能力,时刻不忘提醒自己,有意识地控制自己情绪的波动。千万别动不动就指责别人,喜怒无常,改掉这些坏毛病,努力使自己成为一个容易接受别人和被人接受、性格随和的人,只有这样的人才能成大事。

**心灵感悟**

当你非常焦躁、烦闷想要爆发时,试着让自己慢下来,不管是你与人说话的语气还是你的行为,会消解你内心强烈的波动和张力,让你慢慢稳定下来,回复理智——坐下来,或走出去,给自己与他人一点空间,事情一定会有所转变。

## 11　用睿智的心态去面对,生活依然别有洞天

一个人如果态度正确,便没有什么能够阻拦他实现自己的目标;如果态度错误,就没有什么能够帮助他了。

——托马斯·杰斐逊

心态就是性格加态度。性格就是一个人独特而稳定的个性特征,他表现一个人对现实的心理认知和相应的习惯化的行为方式。态度是一个人对客观事物的心理反应。心态也是人的一切心理活动和状态的总和,是人对周围、社会生活的反映和体验,它对一个人的思想、情感、需要、欲望有着决定性的影响,它决定着一个人对待工作、对待生活的态度。

拿破仑·希尔曾讲过这样一个故事,对我们每个人都极有启发。

塞尔玛陪伴丈夫住在一个沙漠的陆军基地里。她丈夫奉命到沙漠里去演习,她一个人留在陆军的小铁皮房子里,天气热得受不了,在仙人掌的阴影下也有40摄氏度。她没有人可以谈天,身边只有墨西哥人和印第安人,而他们不会说英语。她非常难过,于是就写信给父母,说要丢开一

## 第三章 聆听心音,分享成功

切回家去。她父亲的回信只有两行字,这两行字却永远留在她心中,完全改变了她的生活:两个人从牢中的铁窗望出去,一个看到泥土,一个却看到了星星。塞尔玛一再读这封信,觉得非常惭愧,她决定要在沙漠中找到星星。

塞尔玛开始和当地人交朋友,他们的反应使她非常惊奇,她对他们的纺织、陶器表示兴趣,他们就把最喜欢但舍不得卖给观光客人的纺织品和陶器送给了她。塞尔玛研究那些引人入迷的仙人掌和各种沙漠植物,又学习有关土拨鼠的知识。她观看沙漠日落,还寻找海螺壳,这些海螺壳是几万年前、沙漠还是海洋时留下来的,原来难以忍受的环境变成了令人兴奋、流连忘返的奇景。

是什么使这位女士内心有这么大的转变?

沙漠没有改变,印第安人也没有改变,但是这位女士的念头改变了,心态改变了。念头之差使她把原先认为恶劣的情况变为一生中最有意义的冒险。她为发现新世界而兴奋不已,并为此写了一本书,以《快乐的城堡》为书名出版了。她从自己造的牢房里看出去,终于看到了星星。

成功的要素其实掌握在我们自己的手中。拿破仑·希尔告诉我们,我们的心态在很大程度上决定了我们人生的成败。

坎伯曾经写道:"我们无法矫治这个苦难的世界,但我们能选择快乐地活着。"

突然记起曾经看过的一则禅语:"掬水月在手。"

苍天高高在上,我们怎么去触摸那高挂的月亮呢? 按常理,是没有办法的。可如果我们掬一捧清水在手,月亮的光辉不就轻松地荡漾在掌心了吗?

生活中,我们无法做到的事情太多太多,如同那够不着、摸不到的月亮,能够得到的东西又太少太少了。是仰天长叹,落寞无语呢,还是让思维转个弯,去品味另一种收获的自在安详呢?

我们自己也知道,掌心的"月亮",是虚幻而非真实的存在。然而,我们是要感受月亮,而不单单是为了观赏月亮、触摸月亮啊。重要的在于领

73

悟,不是吗?"千江有水千江月,万里无云万里天",如此说来,何处无水盈?何处无月升?

**心灵感悟**

换个方法思考,可以使问题变简单;换个立场看人,可以宽容处世;换种心态看人生,可以得到更多美好;有时仅需换换角度,我们的人生就会有所不同。

## 12 认定自我,拨云见日

自我教育需要有非常重要而强有力的促进因素——自尊心、自我尊重感、上进心。

——苏霍姆林斯基

你所持有的观念常常对你一生都起着决定性的作用。其中,对自我的客观认定和评价更具重要意义。可以说对自己有一个什么样的认定就可能决定你有一个什么样的人生。因为一个人对自己有一个清醒的认识之后,就会给自己随时补课或让自己的优势进一步扩充。这样的观念和意识必然导致一个人的人格和能力进一步完善、进而更好地立足于社会。我们常常会一味认定自己是个什么样的人,却无视于这样的认定是否正确;也就是因为这样的认定,所以大大地影响了我们的人生。

有一个人,参加同学会时,突然被要求谈一些有关最近盛行的海外旅游话题。由于这是他头一次在众人面前讲话,所以话中常有断续和紧张的情况出现。但是同学会结束后,其中有一位老同学跑来跟他说:"你所讲的内容非常有趣,希望今后有机会能再听你演讲。"在被这位老同学恭维之前,他从未想过尝试在公众面前讲话。于是他开始觉得自己并不是那么差劲,对自己的演讲才能又多了一份信心。后来,这个人竟然成为企业经营问题的专门演说家了。人生实在是奇妙,不管我们是怎样地认定自己,哪怕那种认定是不好的或有害的,最终我们的人生必然会跟着那种认定走。

譬如说,你认为自己不够聪明,那么当这个念头真的控制了你的脑子,你就会发现它真的无法灵光起来。改变自我认定是件不可能的事,这也就是我们经常听到人们这么说:"我就是这个个性,改不掉!"人生若是持这种态度,根本就是在扼杀可能的机会,从而给自己留下永久而无可改变的难题。

对于大部分人来说,要他改变某些行为并不是件多么困难的事,然而要他改变自我认定就不简单了,甚至于还会招来他的敌意。一个人最根本的信念就是对自我的认定,假若触犯了这种认定就会给他造成难以忍受的痛苦,有些人就因为坚守对自我的认定,甚至不惜牺牲自己的生命。

如果你在生活中一直尝试做某些特别的改变,却一再地失败,千万不要灰心。自我认定可以从多次尝试改变着手,只要你能表里如一,最后就必定能够成功。如果你还有心,更可以扩展这个自我认定,它必然可以迅速且奇妙地改善你的人生品质。

当你明白自我认定的演变过程,那么就有机会去拓展你的自我认定,乃至整个人生。

紫博拉是一位精力充沛、热爱冒险的女性,但她可不是一开始就是这个样子。她是经过一个自我认定的转变才成为现在这个样子的。她说:"我小时候是个胆小鬼,我不敢做任何运动,凡是可能受伤的活动我一概不碰。"参加过几次罗宾的研讨会后,她有了一些新的运动经验(潜水、赤足过火和高空跳伞),从而知道自己事实上可以做到一些事,只要有一些压力即可。虽然她是这么想的,可是这些体验还不足以使她形成有力的信念,改变她先前的自我认定,她自认为是个"有勇气高空跳伞的胆小鬼"。依她的说法,当时转变还没发生,可是她不知道,事实上转变已经开始。她说其他的人都很羡慕她那些表现,告诉她:"我真希望我也能有你那样的胆子,敢尝试这么多的冒险活动。"一开始,她对大家的夸奖的确很高兴,听多了之后她便不得不质疑起来,是不是以前错估了自己。

"最后,"紫博拉说道,"我开始把痛苦跟胆小鬼的想法连在一块儿,我决心不再把自己想成是个胆小鬼。"事情并不是这么说说便完了,事实上她的内心有很强烈的争战,一方是她那些朋友对她的看法,一方是她对自己的认定,两方并不相符。后来又有一次要高空跳伞,她把它当成是改变自我认定的机会,要从"我可能"变成"我能够",而让想冒险的企图从而扩大为敢于冒险的信念。

当飞机攀升到3810米的高空时,紫博拉望着那些没什么跳伞经验的队友和他们都极力压抑着的内心的恐惧,但故意装作兴致很高的样子。她告诉自己,"他们现在的样子正是过去的我,而此刻我已不属于他们那一群,今天我可要好好地展示一下自己的魅力。"她运用了他们的恐惧,来强化出她希望变成的新角色,她心里说道:"那就是我过去的反应。"随之,她很惊讶地发现自己刚刚已历经了重大的转变,她不再是个胆小鬼,而成为一个敢冒险、有能力、正要去享受人生的女性。

她是第一位跳出飞机的队员。下降时,她一路兴奋地高声狂呼,似乎这辈子就从没有这么有活力过。她之所以能够跨出自我设限的那一步,主要的原因就在于,她一下子采取了新的自我认定,从而自心底想好好表现,以作为其他跳伞者的好榜样。

紫博拉的转变很完全,因为新的体验使她能一步步淡化掉旧的自我认定,从而做出决定,去拓展更大的能力范围。她新的自我认定使她成为一位真正敢于冒险的领导者。

自我认定的转换很可能是人生中最有趣、最神奇和最自在的经验,这也就是何以有那么多成人会一整年都盼望着新年和自己的生日,其中一个原因是这两个节庆能使他们走出自我,而改换成期望的另外一个自我。这个暂时的自我可能会让他们有勇气去做那些平常不敢做的事,而那些事他们一直想做却不敢做,跟他们平日的自我认定不够积极有关。

### 心灵感悟

只要我们能积极地认定自我,我们就可以随时去做我们想做的事。人的潜能是无穷的,或者纯粹就是让"真实的自我"显现出来,去除过去及现在所贴在身上的一切标签,那么你就一定会是最棒的!

## 13　拥有纯真的心态

一位留学法国的中国留学生,由于家里的生活突然遭遇不测,父母已经拿不出钱来供他完成剩下的一年半学业。他突然失去经济支持,只好从独居公寓里搬到七八个人合租宿舍,并决定像他的室友们一样,走上打工挣钱维持学业的道路。

为了找工作,这位留学生翻开了以前从来不看的报纸广告页。突然,一则登在不起眼角落里的广告吸引住了他:

"麦华别墅,只售1法郎。"

室友们听他念出这则广告后,都嗤之以鼻,甚至觉得他有些可笑,有的说:"今天不是愚人节吧!"有的说:"哪有天上掉馅饼的好事。"还有人半带嘲弄地问他:"你该不是想去试一试吧?"好心人则提醒道:"可千万别上当,这是个陷阱,我看,骗子总是有不可告人的图谋!"留学生虽然是半信半疑,但他还是按照报纸上提供的联系方式,找到了那个登广告的人。

登广告的是一个衣着华贵的中年妇女。问清楚留学生的来意后,她指着她正站着的屋子的地板说:"喏,就是这里。"

留学生不禁大吃一惊:这里是巴黎近郊最著名的别墅区,富人云集,地价之昂贵可谓寸土寸金;再看身处的这幢房屋,设计高贵精妙,装潢富丽豪华,如果要售出,价格应该是天文数字,他可是无论如何也不可能出那样一大笔钱的。

77

"太太,能看看房子的有关手续吗?您知道……"留学生不知道说什么好,他搜肠刮肚想为自己找个理由去相信,但还是不由自主地问出了一句。

贵妇人微微一怔,拨了一个电话,仿佛是叫什么人来,然后自己转身上楼,一会儿回来,交给留学生一个文件袋。

留学生瞪大了眼睛,辨别着房契的真伪,研读着文书中那些拗口的条文句子。正在这时,一位戴着眼镜、夹着公文包的男士走了进来,他跟妇人嘟囔了两句后,走到留学生面前:"先生,您好。我是律师,如果您没有什么异议,我可以为您办理买卖房屋的手续了吗?"

"你是说1法郎……这幢房子……"留学生不敢相信这一切是真的,甚至有些语无伦次了。"是的,先生,如果可能的话,请您交现款。"律师一本正经地回答。

三天之后,留学生带着他向法院求证后确认无疑的文件,到豪华别墅去办理移交。当他接过沉甸甸的钥匙的时候,仍难以相信他已是这所房子的主人。他叫住正要离去的房主:"太太,您能告诉我这是为什么吗?"

妇人叹了一口气:"唉,实话跟你说吧,这是我丈夫的遗产。他把所有的遗产都留给了我,但只有这幢别墅,他遗嘱里说卖了以后把所有的款项交给一个我从来没有听说过的女人。前两天见到那个女人后我才知道,我丈夫瞒着我和她偷偷幽会了12年……所以我才做出这样的一个决定——我遵守我丈夫的遗嘱,但我也不能让她轻易得到。"

**心灵感悟**

有了机会,就要去尝试一下,哪怕是万分之一的可能,可能的系数越小,收获往往就越大。

## 14　想象力是不可缺失的灵感

一首伟大的诗篇象一座喷泉一样,总是喷出智慧和欢愉的水花。

——雪莱

想象力比知识更重要,因为知识是有限的,而想象力涵盖了世界上的一切。想象可以使人的认识超越时空和具体条件的限制。

叶圣陶曾经说过:"想象不过把许多次数,许多方面观察所得融为一体,团成一件新事物罢了。假若不以观察为依据,也就无以起想象作用。"想象是在原有感性形象的基础上在头脑中创造新形象的过程。想象可使人的认识超出时空与具体条件的限制,拓展和丰富人们的精神世界。合理的想象可能会扭转局面,让天空亮起来。

一家百货商场,虽地处闹市中心,地理位置也不错,但总是门外车马喧嚷,而店内冷冷清清,许多人都是从店门前的大街上匆匆而过,很少有人进店驻足。没有顾客,商场的生意就一直很清淡。经理对此一筹莫展。一次,经理的朋友偶然路过商场,听经理叹息着说了商场的惨淡经营后,朋友沉思良久,笑着对经理说:"要让过往行人都能到你店里来看看并不难,有一面镜子就行了。"

经理半信半疑,但还是按照朋友的吩咐,在临街的墙上装上了一面仅几个平方米的镜子。镜子的上方,用红纸贴了一行大字:朋友,请注意您的仪容!镜子的下方贴了一行小字:店内备有免费的木梳。当许多人又从商场门前经过时,会不由自主地走到镜子前照一照,然后就踅进了商场梳理头发,如果需要打鞋油,鞋刷备有十几把,可以免费使用,但各种鞋油店内却在柜台上销售。

商场内的人一下子拥挤起来,有买鞋油就地擦鞋的,有买发胶就地梳理头发的,有买口红对着店里的镜子涂抹的,当然,店内的护肤品、日用小百货等也销量激增,商场的生意一下子就火爆了起来。一面镜子,就把匆

匆而来的路人"照成"了店内购物的顾客,就这么简单。其实,对于商家来说许多时候,揽客的方法就是这样:让人知道自己缺什么,然后,让他主动去选择。这样比强加给顾客手上的宣传单更有效。

爱因斯坦说:"想象力比知识更重要,因为知识是有限的,而想象力概括着世界上的一切,推动着进步,并且是知识进化的源泉,严格地说,想象力是科学研究中的实在因素。"

### 心灵感悟

想象能激发观察的灵感,拓展观察的渠道和内容,沟通不同观察的结果,可以大大丰富观察的内容,让事情变得更加美好。然而想象并不是凭空的想象,要想让想象的翅膀飞起来,还需要客观联系这个世界,把知识融会贯通。

# 第四章

## 潜能,伴你走向成功

做人应有自知之明。客观准确地评价自己是我们应该具备的一种人生智慧。但有些人却做不到这一点,过分的自卑让他们失去了正确评估自己的能力。其实,任何人身上都有别人无法具备的优点,将这些优点充分利用,你就完全可以成就自己。自身优势简单说就是个人才干,就是个人本身所具有的超出别人表面的或者内在的素质。才干是人做事的工具,是人做事的能力和本领。潜能是指平时所没有表现出的能力,每一个人都有潜能的存在。我们要善于发现自己的强项,激发自己的强项,强化自己的强项,发挥自己的强项。这就是成功的支点,是我们安身立命、建功立业的基础。

## 01　挖掘自己的优势

如果你依照一个人的实况去对待他,他会变坏;但是你如以他应有的样子对待他,他就会变成他应有的样子。

——歌德

成功靠的是自身的优势,肯定自己的优点是一种诚实的表现。优势是指一个人在人生的不同阶段可以凭借的来自自身和外在的有利条件。一个人取得事业和社会中的成功,其中的因素是很多的,机遇、环境、心态、努力程度、工作等等。但很重要的一点是靠你自身的优势。那么,你了解自身的优点,自身的优势吗?

任何你可以运用的才干、能力、技艺与你的人格特质,都可以称为你的优点和优势。而这些就是使你能有贡献、能继续成长的要素。

古希腊哲学家苏格拉底有句名言:"世界上最难认识的就是你自己,哲学的任务就应该是帮助人们认识你自己。"一个人如果不能正确地评估自我的能力,如果弄不清自己的实际能力和缺陷,往往会给自己制造窘迫的场面和危机的状态。对一个人来说,知道自己不能做什么与知道自己能做什么同样重要。

成功学大师卡耐基说:"如果缺乏人生定位,你就不知道自己该向着什么方向前进,就好比是一次没有目标的航行,无论如何也不能到达目的地。"但是,要想拥有正确的人生定位,首先必须正确认识自我,一个人能不能创造成功人生,关键要看能不能正确认识自我。认识别人难,认识自己更难。

只有客观地认识了自我以后,才能确定自己在哪个工作领域中发展,朝着哪个方向努力奋进。意大利船王尼古的成功经历充分证明了这一点。尼古从一个贫寒的农民之子发展到今天的成就,的确来之不易。后来,他为自己写了一本自传。自传中,回忆创业之初时,他特别强调一个

人的人生定位。尼古说:"因为从小在海上长大,对船有独特的爱好,所以,我后来选择了一辈子与船打交道。这是我充分地考虑到了自己的兴趣与爱好,一个人的事业应该与兴趣爱好结合起来,这是热情的来源。至于能不能发展到今天这个地步,当初确实没有考虑过。最初的时候,我将人生理想划分成几个阶段,具体针对每一步的实现,我都有详细的安排。然后,我就按计划去一步步实现,直到今天这个样子。"

最后,尼古说:"当初之所以将人生理想分为几项步骤,是因为自己家境贫苦,起点比较低,只能一步一步走,然后在成功的基础上争取获得更大的成功。"了解了尼古的经历,我们就应当明白尼古的成功不是偶然的。因此,我们应该认识自我,为自己的人生做好定位,明确自己所处的坐标。只有这样我们才能更好地获得成功,改变自己的人生。

美国诗人朗费罗曾经说:"应仔细地分析一下自己,最重要的是要看清自己可以在哪一方面赢得成功。"社会各有分工,每个人都有属于他自己的工作。在金融巨头摩根和钢铁大王卡内基看上去很简单的事情,对你来说也许就是天方夜谭,但你也许可以做成比尔·盖茨不能做到的事情。因此,最关键的是,你应认真分析一下自己适合做什么,恰当地估计自己成功的可能性,这有助于你在今后的事业中取得成功。

权衡自己的能力,知道自己到底能做些什么,避免制定过高的目标,对于我们来说都是非常重要的。在生活中出类拔萃的秘诀在于:找出自己的优势并发扬光大。

成功需要优点,需要我们去扬己之长避己之短。

比如,你擅长于形象思维,或者擅长于抽象思维,那么,你就不要强求自己去做自己并不适合做的事情,因为你即使做了恐怕也难以有收获。从另一个角度讲,即使你的工作环境暂时与你的自身优势和你的优点有所不合,这时候你仍可积蓄自身的潜能,力求在本质工作中创出一个可以扬己之长避己之短的小环境来。

从社会发展的大趋势和成功人士的经验来看,一个人要想取得事业的成功,只有自身的优势不断成长、积累,才能将自身的优势最后转化为胜势。所以我们的"优势"要不断地生长,是因为目前数字信息化社会变化繁复,昨天的优势到了今天便成为劣势。所以,要赶上时代的步伐,甚至做一个时代的弄潮儿,站在时代的风口浪尖上,只有具有不断生长着的自身优势才可达到目的。

在我们的周围,有人将发挥自身的优势理解为不停地"跳槽",企图在不间断的"跳槽"中寻找到自己,寻找到自己的成功之路。其实,这么做未免绝对化了一些。要知道常移的树长不大,一个人要干出一番事业,需要一个相对恒定的目标,需要一种持之以恒的精神。如果你一味地跳来跳去,最后有可能连你自己也跳乱了。

把握成功的重要战略是立足于自己的本职工作,是发挥自身优势、顺势成才的重要途径。当然,本职不仅是指一种定性的职业限制,更是一种力求上进的精神,一种更有利于发挥自身优势的生存条件、生存环境。善于把握自身优势的人,往往是那些立足于本职工作取得成就或为未来的腾飞进行人生积累的人。本职工作不是跳板,而是奉献与成功的基石。

### 心灵感悟

用一段空闲的时间,找一个安静的处所,认真地深刻地想一想自己的个性如何,世界上没有两个完全相同的人,每个人都有他独特的个性及特点,发掘你的才干和天赋,认清你的缺陷和劣势,做自己想做的事,不但成功与你有约,人生也会因此而更加精彩。

## 02 把握信念,实现自我

上人生的旅途罢。前途很远,也很暗。然而不要怕。不怕的人的面前才有路。

——鲁迅

每个人都是自己命运的主人,祈求别人、等待别人的恩赐,只能让我们养成一种惰性,让我们丧失命运的主动权,这样遭受挫折就在所难免了。

有一个人走进庙里,跪在菩萨像前叩拜,他发现自己身边有一个人也跪在那里,那人长得和菩萨一模一样。

他忍不住问:"你怎么这么像菩萨啊?"

"我就是菩萨。"那个人回答道。

他很奇怪:"既然你是菩萨,那你为何还要拜自己呢?"

"因为我也遇到了一件非常困难的事。"菩萨笑道,"然而我知道,求人不如求己。"

想来凡人之所以是凡人,可能就是因为遇事喜欢求人,而菩萨之所以是菩萨,大概就是因为遇事只去求自己!如果我们都拥有遇事求己的那份坚强、自信、主动,也许我们就会成为自己的菩萨。

不要把命运的方向盘交给别人,别人给什么,我们就只能要什么,别人不给,就什么都得不到。自然,人人都会遭受挫折,但不能把命运的主

动权拴在别人的腰带上。

别人的恩赐有什么用？也许上天最大的恩赐是给了你脑、心、手和脚。

事实上，我们有时在遇到困难的时候，首先想到的不是自己解决，而是寻求别人的帮助。

一个车夫正赶着马车，艰难地行进在泥泞的道路上，马车上装满货物。

忽然马车的车轮深深地陷进了烂泥中。马怎么用力也拉不出来。

车夫站在那儿，无助地看看四周，时不时喊着神的名字，让他来帮助自己。

最后神出现了，他对车夫说："把你自己的肩膀顶到车轮上，然后再赶马,这样你就会得到神或其他人的帮助。"

　　自助者天助,完全依赖别人的恩赐是不可能的。解决问题我们首先想到的应该是自助,依靠自己的能力去解决问题。在生活当中,在我们遇到许多麻烦和困难时,我们首先想到的应该是自己应该如何去做才能解决它,那么我们就会敢于试一试,拼一拼,将自身的能量最大限度地发挥出来,战胜困难,最终解决问题。如果我们遇到困难时,就会想着一味地烧香拜佛,乞求得到别人的帮助,那样你将永远陷在困难之中,那样你只能是凡人之中的凡人。要做凡人还是圣人,关键在于我们自己。

　　信念时时刻刻都在影响着人的行为和命运,在决定着人的成功、健康和幸福。如果你想成功,就必须拥有一个必胜的信念,让它指引你走向人生的巅峰。

　　现实生活中我们也许听说过,一位父亲病危,但一息尚存,因为他在等待远方正赶回来的儿子。当儿子赶到床前,清楚地呼唤,父亲缓缓地睁开眼睛看儿子一眼,然后又缓缓地闭上双眼,幽幽地飘然仙去……是什么在支撑这位父亲的生命? 这是信念的力量——"一定要看儿子最后一眼"的信念在支持着他。

　　当你拥有坚定的信念,就无疑给自己潜意识下了一道不容置疑的命令,有什么样的信念,就决定你有什么样的力量。一切的决定、思考、感受、行动都受控于某种力量,它就是我们的信念。

　　任何一位成功的人,在自己创业过程中不管遇到多大的困难,在困难的面前,他都会毫不畏惧,因为他坚信:我一定能够成功。这种自信心正是源于其心底的成功信念。为此,他不断向前,不断开拓,不断创新,不断追求成功,以成功为发展目标,成功的信念也激发了他的自信心。所以,即使遇到再大的困难,他的成功信念是决不会打消的。艰难险阻、不良环境只会增强他的信心,而不会令其裹足不前。

　　我们身上存在着无限的潜能,就像能源藏在海底、藏在深山里,需要开发才能显现出来。

　　我们每个人都有无限的潜能,只待自己开采、发挥。我们要肯定自己,相信自己,我们的生命有无限的价值。

若想切实地感受到这种力量,只有立即行动。行动起来,你就会得到足够的力量,你也定会因此而欢欣鼓舞、信心倍增。行动起来,我们自会感受到力量会源源而来,凭借这种力量我们可以完成既定目标、可以不断地超越现在、超越自我。这种行动得来的力量并不是发掘到了什么潜能,而是解除了对我们本身能力的一种禁锢。这种人具有的力量,是没有极限的,永远都会大于我们自身,也就是说,谁也不可能在一生之中成功地充分表现真正的自我,我们实际表现出来的自我,从未竭尽真正自我的全部能量。

总之,你如果渴望成功,希望今后能干出一番大事业,首先就需要在内心树立一个成功的信念。这个信念越大,你将来事业上的目标就会相应的越高越远,将来便会取得更大的成就。如果不树立成功的信念,不去确立宏伟的目标,在事业的旅途上,只会茫无头绪,不知所措。相应的,就会离成功之路更加遥远。

**心灵感悟**

当我们完成一项工作、完成了预期目标后,要知道我们还有能力,只要行动起来,在新的起点上努力进取,我们必然更为出色,我们永远都会比眼下做得更好。正像球王贝利所言,最精彩的进球是下一个。

## 03 每个人的内心,都有一盏不灭的灯

一个人如果被什么恶劣势力或者错误观念束缚住手脚,珍贵的潜力,丝毫没有发挥,他只能是一个普通的人罢了,但是一旦摆脱枷锁,发挥潜力,他又一变而成为一个卓越的人物了。

——英国谚语

现代脑生理学的研究证实,人的大脑具有巨大的学习潜能。大脑储

存知识的能力使我们目瞪口呆,一般人只使用了其思维能力的很小一部分。如果我们能迫使自己的大脑达到一半的工作能力,我们就可以轻而易举地学会数十所大学的课程。近年来我国开展的旨在开发大脑潜能的教改实验,也取得了显著成果,如北京幸福村小学的马芯兰老师用3年时间完成小学5年的教学内容,学生成绩普遍优秀,且负担不重。北京二十二中孙维刚老师,只用一个学期就使其所教的学生学完了初中数学六册书的全部内容。再如本市宁河县任凤乡大坨小学的史建昌老师参加了"小学生智能开发与学习指导"题实验,他从培养学生自学能力入手,班上有10名学生用半个学期就学完了一个学期的内容。

人的潜能存在于潜意识中,一个人要实现自己的职业生涯目标,干出一番惊天动地的事业,须在树立自信,明确目标的基础上,进一步调整心态,开发潜能,这一点也极为重要。科学家们研究发现,人具有巨大的潜能。若是一个人能够发挥一半的大脑功能,就可以轻易学会40种语言、背诵整本百科全书,拿12个博士学位……

人具有很大的潜能是无可否认的。如果用冰山理论来形容。即海面上漂浮着一座冰山,阳光之下,其色皑皑,颇为壮观。其实真正壮观的景色不在海面之上,而在海面之下,与浮出水面上的那部分相比,沉浸在海面下的部分是它的五倍、十倍,甚至上百倍。

我们可以这样比喻,浮在海面以上的部分,是人的显在能力,即我们已经知道的能力;沉浸在海面以下的部分,是人的潜在能力。可见,人的潜在能力大大超过显在能力。

并非人们不存在潜能,主要原因是没有进行潜能开发训练,使人的潜能没有得到淋漓尽致的发挥。

任何一个平凡的人,都存在巨大的潜能,只要他的潜能得到发挥,就可干出一番事业。研究发现,那些被世人称为天才者,为人类做出突出贡献者,只不过是开发了他们的潜能而已。例如,爱因斯坦事业的成功,并不在于他的大脑与众不同,而是在于他开发了自己的潜能。在他逝世后科学家对他的大脑进行了研究。结果表明,他的大脑无论是体积、重量、构造或细胞组织,与同龄的其他人一样,没有区别。

你相信吗?一个孩子的母亲,能准确无误地接住从四楼阳台上掉下来的孩子。但这的确是一个真实的故事。有一位年轻的母亲,在家照顾她两周岁多的儿子,孩子睡着后,母亲把儿子放在小床上,她趁儿子熟睡这段时间去附近的菜市场买菜。

当她买完菜走到居住的楼群时,由于惦记着儿子,不由得朝自己居住的方向望了一眼。这一望不得了,发现四楼阳台上有个黑点在蠕动。糟了,我的儿子,她大叫一声,疯狂地往前跑,边跑边喊,"孩子不要往外爬!"但是孩子哪里听得懂呀,她看到妈妈朝她挥手,兴奋地乱蹬乱舞,拼命往外爬。

这时要跑到四楼阻止儿子,已经来不及了,这位母亲于是就拼命地跑,刚好在儿子掉下来的一刹那,跑过去伸出双臂稳稳地把儿子接住了。此事立即轰动了当地的市民,电视台记者来了,要把这人间奇迹摄下来。于是,他们找到这位母亲,要她重复一次。这位母亲惊恐地摇摇头,死也不干。后来,记者说:"不是让你的儿子重新试验,只是找个布娃娃从四楼掉下来,你再去接住。"这位母亲同意了。

但是,一次、二次、三次,布娃娃都掉在了地上,怎么也接不住。这位母亲说:"因为孩子不是自己的,并且又是假的"。孩子不是自己的就接不住,孩子是自己的就能接住。可见,我们每个人都有巨大的潜能。只要经过潜能开发训练,将潜能得到适当的发挥,每个人都可干出一番惊人的事业。无论你现在事业有成亦或无成,无论是年老还是年轻,无论是搞行政的还是搞业务的,只要相信自己,相信自己的潜能,并用科学的方法加以开发,定会有所作为。

**心灵感悟**

威廉·詹姆斯曾经谈过那些从来没有发现自己潜能的人。他写道:"我们等于只醒了一半,对我们身心两方面来说,一个人等于只活在他体内有限空间的一小部分。他具有各种各样的能力,却习惯性地不懂得怎么去利用。"几乎每个人都有自己不知道的潜能,而我们要做的事就是相信自己,用行动去开发出潜能。

## 04　拆换掉性格的"短板"

一个人的性格决定他的际遇。如果你喜欢保持你的性格,那么,你就无权拒绝你的际遇。

——罗曼·罗兰

一只木桶能装多少水,完全取决于它最短的那块木板,这就是"木桶效应"。一个人性格的完美程度,完全取决于这个人性格中最弱的环节,这就是性格系统的"木桶效应"。

雨果认为:天才的特点,便是一切天才都具有的双重的反光,就像红宝石一样,具有双重的折射。

人的性格都具有这种双重性。它总是存在着表象与内质的对照,粗糙与细致的划分,高级与低级的区别。这些性格因素的互相交叉、排斥、渗透、转化,表现为性格的丰富复杂。

破译性格系统的"木桶效应",你就要洞悉复杂性格的成因,替换性格中最弱的"短板",从而使性格中最完美的一面展现在众人面前。

性格的"不可爱"处,是性格的缺陷,是足以致命的弱点,是性格这个"木桶"中最短的"木板"。换掉那块"木板",你就铲除了性格中最大的弱点,性格系统中最大的隐患将不复存在,你就可以发挥性格的长处,把性格这个"木桶"装得圆满而稳健。

真实的人性既有人的创造性、能动性,又具有人的局限性。具有创造性、能动性,人才区别于动物;具有局限性,人才区别于神。美好而有魅力的性格,就在美丑、善恶矛盾统一的关系之中。

生活告诉人们,人只能寻求近似的完美,而绝对找不到绝对的完美。在生活中的任何领域寻求完美,都不过是抽象的、病态的或无聊的幻想而已。虽然是这样,也并不能使我们回绝完美性格的诱惑,这就使我们不能忽视性格"木桶"中最短的木板。因为,即使构成你的性格"木桶"的木板都比较长,但总有一块相对较短的,起决定意义的就是那块最短的木板。

换掉短板,首先应找到短板。

奥赛罗的天性是高贵、勇敢、温和、大方,但他的妒忌心和复仇心一旦燃烧起来,竟是那样无法控制。他上了野心家埃伊古的当,杀死了无比纯洁的妻子苔丝德蒙娜,然而,当他意识到自己的罪恶时,又无限地悔恨,毫

## 第四章 潜能,伴你走向成功

不推卸自己的责任,最后毅然地毁灭了自己,以生命来弥补他不可宽恕的过失。

奥赛罗与苔丝德蒙娜之间有着伟大的爱,但最终却因爱而毁灭了自己。假如奥赛罗是一个明察秋毫的英雄,当埃伊古诬蔑他的妻子时,他马上察觉到而且惩罚了这个坏蛋,就不会做出杀死妻子如此愚蠢的举动了。

有致命缺陷的奥赛罗被莎翁赋予了灵魂和生气,充满了性格魅力。但在真实的人生中,假如性格里有一块类似于奥赛罗性格"木桶"中的短板,你的命运恐怕就不会那么走运了。由此,无论如何,一定要换掉性格"木桶"中那块短板。

要学会自我拯救性格。你掩住性格"木桶"那块短板,不给人看,并不能使"木桶的水"增加,更不会消除那块木板的致命隐患。因此,找到那块短板,并把它坚决地替换掉,是你的必然选择。

换掉性格中的短板,你会有不同的命运。

1927年农历五月初三,一位学术天才在北京颐和园的昆明湖自沉而死。这个人就是清末民初著名大学者、国学大师王国维。王国维个性孤僻、极端。他忠于清帝国,曾任过清朝末代皇帝溥仪的老师。溥仪的退位、大清的崩溃,他万分伤感,最终走上了自杀之路。

假若仔细分析一下王国维的性格,就不难发现他的死因了。王国维处于社会的变革时期,又处在新旧文化的交替点上,其个人气质又极为特殊。以其孤僻、偏激的个性来判断,他的"自沉"是必然的。

孤僻、固执的性格,使王国维不能顺历史洪流而生,终日徘徊、彷徨、苦闷,最终在其学术生涯的盛年自杀而终,造成了文艺界的重大悲剧。

孤僻、固执的性格,是最大的杀手。任凭王国维是多么高明的文章圣手,只这一块"短板",就葬送了他一生的大好前程,更直接葬送了他的性命。这块恼人的"短板"有多么可怕!

破译性格系统的"木桶效应",即使构成你的性格"木桶"的木板都比较长,但总有一块相对较短的,起决定意义的就是那块最短的木板。换掉那块木板,你就铲除了性格中最大的弱点,性格系统中最大的隐患将不复存在。换掉最短的木板,就要铲除致命的缺陷。"苍蝇不叮无缝的蛋",没有明显性格缺陷的你走在通往成功的路上,当然可以从从容容,不用瞻前顾后,畏首畏尾了。

**心灵感悟**

性格比人性、人格的概念更为广泛,它既有天生的、遗传的因素,也有后天的、社会的因素。我们只有准确地把握性格决定行为的规律,才能对性格与成败的关系有深刻的了解。充分把握性格与生俱来的特征和后天环境造成的变化,才能准确地把握人的性格。

## 05  对症下药,破解内心的困顿

工作之中,常会遇到千头万绪,问题多多的情况,往往弄得我们晕头转向,不辨东西,这时分清问题的轻重缓急,找到其中最迫切需要解决的问题,并且集中力量解决它,是最该做的事。

英国某家报纸曾举办一项高额奖金的有奖征答活动。题目是:在一个充气不足的热气球上,载着三位关系世界兴亡命运的科学家。第一位是环保专家,他的研究可拯救无数人们,免于因环境污染而面临死亡的厄运。第二位是核子专家,他有能力防止全球性的核子战争,使地球免于遭受灭亡的绝境。第三位是粮食专家,他能在不毛之地,运用专业知识成功地种植食物,使几千万人脱离饥荒而亡的命运。

此刻热气球即将坠毁,必须丢出一个人以减轻载重,使其余的俩人得以存活,请问该丢下哪一位科学家?

问题刊出之后,因为奖金数额庞大,信件如雪片飞来。

在这些信中,每个人皆竭尽所能,甚至天马行空地阐述他们认为必须丢下哪位科学家的宏观见解。

最后结果揭晓,巨额奖金的得主是一个小男孩。

他的答案是：将最胖的那位科学家丢出去。

**心灵感悟**

工作中有长远目标、短期目标、即时目标。这些目标有时候会像热气球遇上麻烦一样，相互冲撞，照顾了这一点会遗落了那一点，无论怎样权衡利弊，始终不能尽善尽美。这时，一定善于发现解决最迫切的问题。只有先解决这些问题，才可以有机会解决其他问题。

## 06　爱好，是最好的老师

你一定得做自己喜欢做的事情，虽说每一个人的本质都受文化的影响，但完全以文化所具有的价值系统来生活，那是跟自己过不去。

——佚名

你的才能就是你的天职。你能做什么？将走什么样的路？这是命运的质问。庸者随波逐流，唯有智者，才有资格成为自己的导师和内心的解读者。

"瓦特！我从来没有见过像你这样的孩子！"瓦特的祖母对他说，"多念点书，这样你以后才可能有出息。我看你有一个小时一个字也没念了吧！你看看你这些时间都在干什么？把茶壶盖拿走又盖上，盖上又拿走干什么？用茶盘压住蒸汽，还加上碗，忙忙碌碌，浪费时间玩儿这些东西，你不觉得羞耻吗？"

幸亏这位老夫人的劝说失败了，全世界都从她的失败中获得了巨大的收益。

伽利略年轻时候曾被送去学医，但当他被迫学习解剖学和针灸学的时候，心里还想着欧几里得几何学和阿基米得数学，于是，他利用空余时间偷偷地研究复杂的数学问题。在他 18 岁那年，他就从比萨教堂大钟的摆动中发现了钟摆原理。

英国著名军事将领威灵顿在小的时候,是一个很笨的小孩,知道他的人都认为他是低能儿,连他母亲也是这么看的。在学校里他是最差的学生,别人都说他迟钝、呆笨又懒散,功课没有一门能过得去。他没有什么特长,而且从来没想过要入伍参军。在父母和教师的眼里,他的刻苦和毅力是唯一可取的优点。但是在他46岁那年,他却打败了当时世界上最伟大的军事天才拿破仑,拯救了国家。

在选择职业时,不要考虑什么样的职业挣钱最多,怎样成名最快,应该选择最能发挥你的潜能、能让你全力以赴的工作。

中国社科院曾经在一个报告中说,中国劳动力的就业趋势,将会向"小"而"精"的方向发展,也就是说未来人们择业,将会更加自由和随意。那么,该如何选择自己的职业呢?就像鸟儿需要飞翔一样,你的职业就是你飞翔的翅膀,它是你梦开始的地方。能飞多远完全取决于你判断的准确程度,具体说来,你必须在选择前明白自己的性格、气质、能力和兴趣。

## 第四章 潜能,伴你走向成功

在选择职业之前,你需要对自己的气质和性格有一个基本的了解。从而发现自己的长处是什么?自身的优势在哪儿?

每个人都有自己的强项和弱项、缺点和不足,关键在于努力把自己的特长发挥到极致,把不足之处的危害降到最小。如果把精力全部花在提高弱项方面,不仅收效甚微,反而会影响到别的方面,成为一个毫无特色的人,自然也就难有建树。

美国作家马克·吐温,是美国批判主义文学的奠基人、世界著名的短篇小说大师。这位大文豪,一生写下了许多不朽的作品,如传世小说《镀金时代》《哈克贝里·芬历险记》。然而,就是这样一位大文豪,也不是一个十全十美的人。他曾经因为不懂经营,在从事商业投资时吃尽了苦头,不仅血本无归,还欠下了很多债务。

历史和现实中的例子告诉我们,只有善于经营自己长处的人,才能使自己的人生价值得以增值。而这样带来的幸福和满足感是其他事物所不能代替的。

有人说,在人生的所有幸福中,有一种幸福被人们所津津乐道并被人所羡慕,这种幸福并不是大多数人能拥有,只是少数人的特权。大多数人为了生计而四处奔波,干着自己不喜欢的职业,这其实是很无奈的,而真正的幸福就是所从事的工作和自己的爱好相一致,就像易趣网的创始人邵亦波所说:"一个人要成功的话,一定要找到自己最想做的事,当然这也是他最能干的事,这样他就能够每天都很有劲地去工作,也容易成功……"

易趣网的邵亦波可谓是一个少年得志的人,还在上高中时,他在数学方面的才华就崭露头角,并在高二直接进入了美国哈佛大学学习。在哈佛大学读完 MBA 毕业之后,他谢绝了美国各大咨询公司和金融投资银行的高薪聘请,回上海创办易趣网,任首席执行官。

谈及自己的工作,邵亦波说:"回国创业不是我的一时冲动,而是我想了很久才定下来的,最重要的是,感觉自己对这方面感兴趣,愿意在这方面发展。"

97

生命的意义就在于能做自己想做的事情。如果我们总是被环境迫着去做自己不喜欢的事情,而没有机会做自己想做的事情,我们就不可能拥有真正幸福的生活。可以肯定的是,每个人都可以并且有能力做自己想做的事,想做某种事情的愿望本身就说明你具备相应的才能或潜质。

"做自己喜欢做的事",是一种不为名牵、不受物累、不受羁绊、不为尘嚣缠绕的自我选择,是一种至高、至纯、至善、至美的生活方式,轻松洒脱,自由自在,因而能最大限度地发挥自己的创造潜力,并感受到无穷的乐趣。只有从兴趣出发,做自己喜欢做的事,才能增强生命活力,谱写人生的美丽乐章,做最好的自己。

### 心灵感悟

"聪明的人是其心灵的主人,愚蠢的人是其心灵的奴隶。"或许你不是完美的,要知道,这个世界上没有完美的人,维纳斯因为断臂而美丽,因此,不完美并不是什么至关重要的事,要接受自己的不完美,向好的方面去努力,做自己想做的事,一步步向成功迈进。

## 07 扬长避短,怀揣着信念追寻

最能直接打动心灵的还是美。美立刻在想象里渗透一种内在的欣喜和满足。

——爱迪生

性格是人在出生后的社会文化环境中逐渐形成的,因此,一个人的性格会受到他的世界观、人生观和价值观的影响,性格是人格中最核心的组成部分。良好的性格,会促使一个人将自己的聪明才智用到正道上,让自己和他人同受鼓舞与启迪;而不良的性格或许会把一个人的聪明才智引上歧途,令自己和他人同陷痛苦和沉沦之中。

任何一个人都是善恶组合的矛盾体,意大利作家伊塔诺·卡尔维诺所著的《一个分成两半的子爵》就是这种性格组合观念的形象说明。

在一次战斗中,梅达尔多子爵被炮弹打成两半,右半被军医救活,总干坏事,集中了梅达尔多身上的全部邪恶;左半被两个隐士救治,不断地做好事,集中了子爵身上所有良好的性格。"两个子爵"之后在激化的矛盾中展开决斗,相互劈裂了原来的伤口,扭成一团,粘在了一起,之后又变成了一个身体健康、性格完整的人。

任何一个人的身上都有善良与邪恶性格体现,并不是两半的相加,而是内在性灵的互相渗透与转化。因此,良好的性格,来自培养,来自透析。一次,佛陀行经一个森林,正当中午天气很热,他觉得口渴,就告诉侍者阿难:"我们刚跨过一条小溪,溪水很清,你回去帮我取一些水来。"

因此,阿难回去找那条小溪,但小溪实在太小了,并且还有一些车子正在经过,溪水污浊,不能喝了。阿难回去告诉佛陀,"那个小溪的水已变得很脏了,请您允许我换个地方找水,我知道有一条河,离这只有几里路。"

佛陀说:"不,你还是回到同一条小溪里。"阿难表面遵从,但内心并不服气,他认为这只是浪费时间白跑一趟。

他走了一半路,还是不由自主地跑了回来,对佛陀说:"您为什么要坚持让我回去呢?"佛陀不加解释,仍然说:"你再去。"阿难只好遵从。

阿难再走近那条溪流,却看到那些溪水就像它原来那么清澈、纯净——泥沙已流走了。

阿难笑了,提着水跳着舞回来,跪拜在佛陀脚下,"您给我上了伟大的一课,只要能保持本性的纯净,污浊就不会永恒。"

性格本来有清澈无染的一面,在后天成长中,是诸多的外因蒙蔽了我们的内心。在岁月的流逝中,良好的性格也堆积了厚厚的尘土,只不过我们不知道罢了。生命中的河流虽曾被污染,但涤尽流沙便可以见到清澈的本性;良好性格的明镜虽然蒙上尘土,但拭去灰尘终将闪光。良好性格本身具有魅力,只不过有时没有发挥出来而已。培养良好性格,关键就在于"压榨"。有人问一位智者:"请问,如何才能成为一个受欢迎的人呢?"

智者递给那个人一颗带皮的花生,"闻得见香吗?"那人摇头。

智者对他说:"用力捏捏它。"

那人用力捏了捏,花生壳碎了,仅留下了花生仁。

智者问:"香吗?"

"有一点。"

"再搓搓它。"智者说。

那人又照办了,红色的皮被搓掉后,仅留下了白果实。

"香吗?"

"比刚才要香一点。""把它放进榨油机里。"智者说。

因此,榨油机的端口流出了芳香四溢的花生油。

那人连连赞叹:"好香啊!"忽然,他笑了,"现在我终于明白了,要受人欢迎,就要让自己散发出香气来。"

智者微笑,不语。

性格元素的本质往往被种种假象包裹着,从而显示出表里矛盾、似是而非的情状,使人难以捉摸。通过有意识地自我塑造和培养,一定可以使性格中的优秀潜质焕发光彩,使你成为一个受欢迎的人。

**心灵感悟**

每个人的优良性格都是在后天的实践活动过程中,不断进行自我修养和打磨的结果,这样性格才会锋锐明亮起来。锤炼出良好的性格,就会有明朗的心境,你也就掌握好了自己的心灵之舵。

## 08 脚踏实地,才是获取成功的"诀窍"

我成功是因为我有决心,从不踌躇。

——泰戈尔

在谈及成功的方法和诀窍时,克里蒙特·斯通说:"我母亲的菜做得

很好,但是她却没有办法告诉我,她究竟是怎样做的。她只会说:'这样放一点,那样放一点。'但是她炖的汤、做的肉丸子,以及烤的饼就是好吃得不得了。而我也是那样做,味道就差远了。这是因为母亲懂得诀窍,而有没有诀窍常常是成功和失败的分界。"

诀窍并不是指知道如何去做一件事情——那是行动知识。诀窍是以正确的方式、技巧,以及最少的时间和努力去做好某件事情。在你掌握诀窍之后,你就能成功地做好某一件事情,这是一种从经验中自然产生的良好习惯。

但是如何获得诀窍呢?只有从"做"中获得。如同母亲为什么菜做得好的道理一样,每一个人获得诀窍的途径,都是亲自去体验,然后改良一种方法使之成为适合自己的最佳方法。

正如17世纪法国哲学家笛卡尔所说:"我思故我在。"方法和诀窍也需要个人的努力思考、用心学习才能找到。克里蒙特·斯通建议人们可以从以下几方面开始。

(1)虚心学习。要有诚心诚意的态度,抱着"处处留心皆学问"的精神。

(2)升高一层地观察和思考。站在更高一层的位置来看问题和想问题,把我们的位置提升,我们更能体会大我与小我之间的关系。

(3)变换角度。任何事物都有彼此相同或不相同之处。其实大自然已经给我们提示出许多解决方法,只看我们是否能运用自己的智慧找到正确的角度。

(4)改变环境。人受环境的影响很大,每个成功的人,都会主动选择最有益于向自己既定目标发展的环境,变不利为有利。

(5)脑力激荡。脑力激荡是通过群体的力量,尽可能想出一大堆的主意,然后再来进行探讨评估,找出解决问题的最佳方法。

(6)以退为进。暂时离开问题,好的策略需要时间来考虑,偶尔将自己抽离,不必急着一切要现在解决。让脑子休息一下,往往绝佳的创意会瞬时涌现。

**心灵感悟**

"师父领进门,修行在个人",要想有所作为,要获得成功,方法和诀窍是必需的。因此,如果你要成功,就要努力去获得方法和诀窍。

## 09 微笑面对人生,人生回报你微笑

**若要把感性的人变为理性的人,唯一的路径是先使他成为审美的人。**

**——席勒**

笑对生活,是一种坦然、豁达和真诚的生活姿态。斯提德说得极为精彩:微笑无须成本,却创造出许多价值。微笑使得到它的人们富裕,却并不使献出它的人们变穷。

微笑传递给人的是一份对自己与他人的好感与善意。对自己微笑你的心境开始明朗,对他人微笑你的人际关系将会走向和谐。

斯坦哈德结婚已有 18 年了,这么多年来,从他起床到离开家这段时间内,他很难对自己的太太露出一丝微笑,也很少说上几句话。家里的生活很沉闷。

他决定改变这种状况。一天早晨他梳头时,从镜子里看到自己那张绷得紧紧的面孔,他就对自己说:比尔,你今天必须要把你那张凝结得像石膏像的脸松开来,你要展出一副笑容来,就从现在开始。坐下吃早餐的时候,他脸上有了一副轻松的笑意,他向太太打招呼:亲爱的,早!

太太的反应是惊人的,她完全愣住了,可以想象到,那是出于她意想不到的高兴,斯坦哈德告诉她以后都会这样。从那以后,他们家庭的生活完全变样了。

现在斯坦哈德去办公室,会对电梯员微笑着说:你早!去柜台换钱时,对里面的伙计,他脸上也带着笑容。他在交易所里时,对那些素昧平生的人,他的脸上也带着一缕笑容。

不久他就发现每一个人见到他时,都向他投之一笑。对那些来向他道"苦经"的人,他以关心的、和悦的态度听他们诉苦。而无形中他们所认为苦恼的事,变得容易解决了。微笑给他带来了很多很多的财富。

斯坦哈德和另外一个经纪人合用一间办公室,他雇用了一个职员,是

103

个可爱的年轻人,那年轻人渐渐地对他有了好感。斯坦哈德对自己所得到的成就,感到得意而自傲,所以他对那年轻人提到"人际关系学"。那年轻人这样告诉斯坦哈德,他初来这间办公室时,认为他是一个脾气极坏的人。而最近一段时间,他的看法已彻底地改变过来。他夸斯坦哈德微笑的时候很有人情味!

斯坦哈德也改掉了原有对人的批评,把斥责人家的话换成赞赏和鼓励。他再也不讲我需要什么,而是尽量去接受别人的观点。这些事真实地改变了他原有的生活,现在斯坦哈德是一个跟过去完全不同的人了,一个更快乐、更充实的人。

因拥有友谊和快乐而更加充实。有这样一个故事:二战时期,德国纳粹疯狂屠杀被他们认为是劣质人种的犹太人,可是有一位年轻的德国纳粹军官却在生死关头为一位犹太传教士指了一条生路。

这位犹太传教士每天早晨,总是按时到一条乡间土路上散步。无论见到任何人,总是微笑着打一声招呼:"早安。"

有一个叫米勒的年轻农民,对传教士这声问候,起初反映冷漠,因为在当时,当地的居民对传教士和犹太人的态度是很不友好的。然而,年轻人的冷漠,未曾改变传教士的热情,每天早上,他仍然给这个一脸冷漠的年轻人道一声早安。

终于有一天,这个年轻人脱下帽子,也向传教士道一声:"早安。"好几年过去了,纳粹党上台执政。这一天,传教士与村中所有的人,被纳粹党集中起来,送往集中营。在下火车、列队前行的时候,有一个手拿指挥棒的指挥官,在前面挥动着棒子,叫道:"左,右。"被指向左边的是死路一条,被指向右边的则还有生还的机会。

传教士的名字被这位指挥官点到了,他浑身颤抖,走上前去。当他无望地抬起头来,眼睛一下子和指挥官的眼睛相遇了。

传教士习惯地脱口而出:"早安,米勒先生。"

米勒先生虽然没有过多的表情变化,但仍禁不住还了一句问候:"早安。"声音低得只有他们俩人才能听到。最后的结果是:传教士被指向了右边——生还者。

一个微笑,一声问候,挽救了一个生命。生命中至真至深的情愫好让人感动。

在平时购物时,我总是喜欢去一家名叫维客的超市。这倒不是因为这家超市的货物比其他超市丰富很多,也不是因为这家超市的服务人员比其他超市的服务员更出色,而是喜欢他们贴在置物架上的那些宣传牌:"录影中,请微笑!"人生不就是一次特殊的录影吗?请记住,不要让生活的镜头缺少了你纯洁的微笑。纯洁是一种力量,因为它意味着一个人思想的诚实与行为的高尚。

**心灵感悟**

真正的微笑应发自内心,渗透着自己的情感,表里如一,毫无包装或矫饰的微笑才有感染力。所以,平时要让自己有一个快乐的心情,心地坦荡,自信自强,性情要阳光,对人要善良、宽容,一个好的心态才能有真诚的微笑。

# 第五章

## 他人的崇拜,是你人生的动力

生存,人们通常把它理解为活着。每个生命的个体随着一声啼哭不自主地来到了这个世上,这不由得我们选择,既然上天赐予了我们生命,我们就得好好活着。活着实属不易,于是我们总是在祈求能活得更好些。很多时候我们不敢面对自己,一次次地责问自己存在的价值。"这世界多我一个不多,少我一个地球照样转"成为很多人否定自己的痛心名言,这足以让人们丧失生存的勇气。其实存在本身就蕴涵着价值。万事万物和谐地存在着,都有它们各自的价值所在,使这个社会得以正常地运转。既然上天赐予了我们生命,那我们就要珍惜这来之不易的机会,好好地活一回,不要自暴自弃,应活出属于自己的精彩。

## 01　自卑——人生路上的浅滩

> 能够使我飘浮于人生的泥沼中而不致陷污的,是我的信心。
>
> ——但丁

自卑是人的内心深处一种消极的自我评价或自我意识,即个体认为自己在某些方面不如他人而产生的消极情感,是一种危机心态。自卑是束缚创造力的一条绳索,要想成就一番事业,首先要做的一项工作就是拒绝与自卑纠缠。

世上有很多人因为对自己信心不足,而不能走出生存的困境。这种人就像一棵脆弱的小草一样,毫无信心去经历风雨。这就是说,缺乏自信,而在自卑的陷阱中爬来走去,是这些人最大的生存危机,自然就会导致挫败。如果不能从自卑中挣脱出来,那么就成不了一个能克服危机的人。

"成功者"与"普通者"的区别在于:成功者总是充满自信,洋溢活力,而普通人即使腰缠万贯,富甲一方,内心却往往灰暗而脆弱。那么,他们的共同点又是什么呢?就是人与生俱来的自卑感。有句话说:"天下无人不自卑,无论什么人,在孩提时代的潜意识里,都是充满自卑感的。"

人生道路不可能一帆风顺,不如意事常八九。前进路上困难、挫折、预想的目标一时未能达到,甚至生理的某些缺陷,都可能使人产生一种自卑心理,自怨自艾,严重影响工作与学习,甚至走向自暴自弃。

心理学认为,自卑是一种过多地自我否定而产生的自惭形秽的情绪体验。其主要表现为对自己的能力、学识、品质等自身因素评价过低;心理承受能力脆弱,经不起较强的刺激;谨小慎微,多愁善感,常产生猜疑心理;行为畏缩、瞻前顾后等。

自卑心理可能出现在任何人身上,例如,德才平平,生命仍未闪现出"辉煌"与"亮丽",往往容易产生"看破红尘"的感叹和"流水落花春去

## 第五章 他人的崇拜，是你人生的动力

也"的无奈，以至把悲观失望当成了人生的主调；经过奋力拼搏，工作有了成绩，事业上创造了"辉煌"，但总担心"风光"不再，容易产生前途渺茫、"四大皆空"的哀叹；随着年龄的增长，青春一去不回头，往往容易哀怨岁月的无情和生发出红日偏西的无奈……长期被自卑情绪笼罩的人，会使自己的心理活动失去平衡，还会引起人的生理变化，对心血管系统和消化系统产生不良影响。生理上的变化反过来又会影响心理变化，加重人的自卑心理。

  有这样一个故事：某纽约商人看到一个衣衫褴褛的铅笔推销员，顿生怜悯之情。他把一美元丢进卖铅笔人的怀中，就走开了。但他又忽然觉得这样做不妥，就连忙返回，从卖铅笔人那里取出几支铅笔，并抱歉地解释说，自己忘记取笔了，希望不要介意。最后他说："你跟我都是商人，都是在按照商品标签上的价格卖东西。"几个月后，在一个社交场合，一位穿着整齐的推销商迎上这位纽约商人，并自我介绍："你可能已经忘记了我，我也不知道你的名字，但我永远忘不了你。你就是那个重新给了我自

109

尊的人，我一直觉得自己是个推销铅笔的乞丐，直到你走来并告诉我，我是一个商人为止。"这个故事告诉我们，一个人意识到自己的自尊和价值是多么重要。只有充分相信自己以后，才有决心去摆脱磨难，去证明自自己决不是一个弱者。

自卑是人生潜在的杀手，不论属于哪一种表现形式，一旦发现自己错了，都应当加以调节和根除。自信是克服自卑最有力的武器，你觉得自己是什么样的人，自己就会成为什么样的人。你自卑，你将一事无成；你自信，你就会在人生的道路上实现你的价值。

**心灵感悟**

世界上没有十全十美的事物，造物主是公平的，多给几分智慧，就会少给几分美貌；多赐予一些才华，同时也会给你留下某种缺陷。认识到这一点你就该明白，无论怎样都不该感到自卑，如果你比别人少了某些东西，那必定是因为你比别人多了某些东西的缘故。千万不要沉溺在自卑的情绪里，那样你就会越过越糟糕。因为自卑，就是你人生路上的浅滩，只有越过这道沟渠，才能抵达你心中的"彼岸"。

## 02　找准自己价值的突破口

人生的价值，并不是用时间，而是用深度去衡量的。

——列夫·托尔斯泰

在事业上攀爬前进的路程中，有人成功了，也有人失败了，造就他们成功和失败的因素很多，关键的一点在于他们是否认清了自我价值。只有认清了自己的价值所在，才能将自己的特长发挥得淋漓尽致，才能在自身领域上大展拳脚，走向成功。

入行是人生中的一件大事，是一个新的起点，一不小心选择错了就会浪费数年、数十年的光阴，最后不得不选择另一个行业重新开始。很多人

## 第五章 他人的崇拜，是你人生的动力

在选择的时候只看到了这行如何如何好，却没有考虑到这行是否有属于自己的位置，是否适合自己一直发展下去。

有两位好朋友，他们都很喜欢美术，所以他们报读了同一个学校的设计专业，等到毕业之时，房地产行业出现了前所未有的鼎盛时期，于是他们其中的一个选择了进入房地产公司担任文员，刚进公司便领取高额薪水，可是他对房地产一点兴趣都没有，纯粹为了钱而选择了这个行业，结果工作了3年还在这行中碌碌无为，工资也没有得到增加。另一个毕业之后在一家小型广告公司做设计师助理，每天只是帮设计师处理一些简单的图片，工资连他朋友的一半都不到，结果3年之后，他已经被拥有4A称号的大型广告公司挖脚过去担当设计总监了，工资也比他的朋友高出不知多少，最重要的是他还被同行称为最年轻、最有潜力的设计师。这个故事正印证了一句话："有了爱好才能做得精巧。"唯有热衷自己工作的人才会做好自己工作岗位的事情，才会全心全意投入到工作中，对行业发展有益的想法才会犹如地下的泉水一般源源不断地往上冒，这些都是帮助自己在自己所处的行业中取得进步与成功的必备条件。如果一个人整天机械般地按时上班报道，马虎完成领导布置的任务，心里抱着："不求出人头地，只求三餐温饱，保着这份工作就行"的想法，这样将永远不可能向成功前进一步。

### 心灵感悟

每一个人都有其存在的价值意义，关键是自己想做什么，能在哪些方面取得成就。一个人在事业上的成败，绝对和自己是否适合这行有着直接的联系。只有认清自己的价值才能找到适合自己的方向，从而更加自信地去搏击人生风雨。

## 03 只有超越自卑,才能超越极限

大自然把人们困在黑暗之中,迫使人们永远向往光明。

——歌德

人类的所有行为,都是出自于"自卑感"以及对于"自卑感"这种生存危机的克服和超越。阿德勒认为每个人都有自卑感这种生存危机,只是程度不同而已。自卑作为一种消极的心理状态,任何人都或多或少有些。轻微的自卑心理容易超越,它可以很容易转化为一种前进的动力。

但能做到这点的人不多,大多数自卑者都碌碌无为。自卑心理重者更是如此。生活中有很多自卑心理较重的人,而这种人由于选择道路的不同,会有不同的结局。消极认命者,让自卑的感觉化为现实,他们承认并接受自己的确不如别人,相信自己没有能力,因此很轻易地放弃自己的努力与奋斗。听任命运的摆布,以各种借口自欺欺人,为自己的失败辩护。

自暴自弃者,由于看不到一点光明前途,因此便铤而走险,走向侵犯他人危害社会的犯罪道路,这种以错误的方式去补偿自己自卑心理的人,最终必定以更大的失败而收场。

与前两种不同的是,第三种人承认自卑的感觉,但他们绝不会让自卑的感觉控制自己的手足。他们认为,与其为自卑而悲观丧气,庸碌一生,不如变自卑的弱点为奋斗的力量,扼住命运的咽喉,发愤图强,拼搏一下,争取成功。这样自卑就会被信心逐渐超越,自信就会建立起来,可以说,这是一条由自卑到自信、从失败到成功、从渺小到伟大的光辉灿烂之路,持有这种态度的人,不管自己原来多么自卑,只要相信自己并愿意改变自己,就必将获得成功,赢得一个光明的前途。

世界许多杰出成功的人物,选择的就是超越自卑之路。从自卑中超越走向成功的例子,在世界知名人物中比比皆是:法国伟大的启蒙思想

## 第五章 他人的崇拜，是你人生的动力

家、文学家卢梭,曾为自己出身孤儿、从小流落街头而自卑;存在主义大师、作家萨特,两岁丧父,左眼斜视,右眼失明,失去亲情与身体的残疾使他产生极重的自卑;法国第一帝国皇帝、政治家、军事家拿破仑年轻时曾为自己的矮小和家庭贫困而自卑。

日本著名企业家松下幸之助,4岁家败,9岁辍学谋生,11岁丧父。但自卑一直是他奋进的动力,因此他的事业辉煌无比。

自卑如能被超越,便成了我们成功的本钱。只要改变心态,将自卑变为发奋的动力,就能走向成功和卓越。

从心理学上看,补偿其实就是一种"移位",即为克服自己生理上的缺陷或心理上的自卑,而发展自己其他方面的长处、优势,赶上或超过他人的一种心理适应机制。

前美国总统林肯出身农庄,9岁丧母,只受过1年学校教育,而且面貌丑陋,言谈举止缺乏风度,他对自己的这些缺陷十分敏感。为了补偿这些缺陷,他力求从教育方面来汲取力量,拼命自修以克服早期的知识贫乏和孤陋寡闻。他在烛光、灯光、水光前读书,尽管眼眶越陷越深,但知识的营养却对自身的缺陷作了全面补偿。他最终摆脱了自卑,并成为有杰出贡献的美国总统。

在补偿心理的作用下,自卑感具有使人前进的反弹力。由于自卑,人们会清楚甚至过分地意识到自己的不足,这就促使其努力学习别人的长处,弥补自己的不足,从而使其性格受到磨砺,而坚强的性格正是获取成功的心理基础。

从这个意义上说,自卑感对人的成功也是有帮助的。因为在每个人的内心深处都有一种灵性,凭借这一灵性,人们得以完成许多事情,去做出一番惊天动地的伟业。这种灵性是潜在于每个人内心深处的一股力量,即维持个性,对抗外来侵犯的力量。它就是人的"尊严"和"人格"。人们为了维护自己的尊严和人格,就会要求自己去克服自卑,战胜自我。

因此,令人难堪的种种自卑因素往往可以成为发展自己的跳板。一个人的真正价值、道德取决于能否从自我设置的陷阱里超越出来,而真正能够解救我们的,只有我们自己。即所谓"上帝只帮助那些能够自救的人"。

若想在自己的内心建立起自信心,就应像清扫街道一样首先将相当于街道上最阴湿角落的自卑感清除干净,然后再种植信心,并加以巩固。对自己充满信心,就是给自己的人生增添一条成功的路径。

每一个人都渴望成功,作出一番事业,成为人群中的佼佼者。有一句土耳其谚语说:每个人心中都隐伏着一头雄狮。在中国有"人皆可以为尧舜"的古语。《格言联璧》中讲道:不要轻视自己的身心,天地人三才都蕴藏在六尺之躯中。不要轻视自己这一辈子,千古的功业就在此奠定。这些言语都阐述了一个共同的道理:发现自己的真正价值就能达到成功。

### 心灵感悟

每个人生活在社会中都有自身存在的价值。自身的价值是任何人也无法替代和比拟的。每个人都要坚信,在社会、家庭、单位都有自己存在的价值。要实现自身存在的价值,就要去寻求适合自己的那一块用武之地,让自身的价值发挥其应有的作用。

## 04　爱别人也是在爱自己

你为什么不快乐？
因为你所想或所做的事，
百分之九十九点九都是为了自己，
然而那个私我都是不存在的。

——为无为

有这样一个有趣的心理测试：一个人带着五种动物试图穿过沙漠，它们分别是：老虎、猴子、绵羊、马、狗。他每隔一段时间必须抛弃一种动物，最后仅留下一种动物和他一起走过沙漠。请问如果是你依次将抛弃哪几种动物，又将哪一种动物留在身边？

在一个餐桌上，围绕这个话题，大家开始兴奋地各抒己见。有的说先扔下老虎，留下马，因为老虎凶猛，会对自身有威胁，而马则可以协助他穿过沙漠。有的说当然是先扔下绵羊，留下狗，因为绵羊最没用，而狗是忠诚的。还有的说留下猴子，猴子聪明、机灵，可以借用它的智慧，等等。提问者这时注意到了身边一直沉默着的一个八九岁的男孩。就将问题再次问给了他。男孩不假思索地说："当然是留下绵羊喽！"停了一下他继续说，"因为这些动物里只有绵羊弱小，需要我的保护。"

在座的所有人都为之错愕。孩子的心是单纯的，他们很容易跳出自我而想到他人，这和我们成人惯于以自我为中心考虑问题是多么不同！

孩子同时又是真理的代言人。他的话也为我们揭开了与人关系的一个全新视角。可见学会爱人，懂得以别人的立场考虑问题是何等重要。

然而生活中偏偏有些狭隘之人，拼命抓住自己的一点点小优势不肯与他人分享，最终只能害人害己，自食其果。

汤因莱斯是个胸怀大志的农民，他从小就渴望成为本地最大的农场主，因此他不断地学习农业科技。科学种田的结果是每次他都能把收获

115

的庄稼卖上好价钱,然后再用挣的钱去收购更多的土地。

　　最近他又买了一块地,而且价钱很低。因为卖地的人并不是很懂农业知识,因而认为这块地长不出好庄稼。但汤因莱斯却知道这块地非常适合种玉米。于是他四处打听哪里可以买到优质玉米种子,再买来一些种上,结果收成甚丰。他的邻居们既惊诧又羡慕,后悔自己没有买到这么好的种子,包括已经卖地给他的那个人也后悔得不得了。那些农民都请求他卖些新种子给他们。可是汤因莱斯怕失去竞争优势,断然拒绝了。

　　第二年,汤因莱斯再用新种子播种的玉米收成并不太好,不过仍然比其他的农户们的玉米产量高,所以,也还是有人向他求购种子,他还是毫不犹豫地拒绝了。当第三年的收成更进一步减少时,汤因莱斯终于坐不住了,他找到向他推荐种子的农业专家质问,那位专家从头到尾听了汤因莱斯的讲述之后,遗憾地告诉了他真正的原因。原来,并不是种子不好,而是他的优种玉米接受了邻人田中劣等玉米的花粉,已经无法结出优质的玉米了。

　　汤因莱斯的教训不谓不深刻,因为他本来可以通过其他人来扩大自己的优势。他在拒绝别人的时候,却没有意识到他拒绝的实际上是对于自己更有利的结果。而我们应由此想到更多。一个人如果不懂得与别人分享利益,最终吞下苦果的将是他自己。

生活中我们每个人都应该拥有两颗心。一颗是平常心,一颗是爱心。平常心让他放低自己,不因为自己的某一个出众之处就去漠视别人,应该肯定别人的存在价值,关心别人,并认为他们很重要;爱心是让他以爱换爱,少爱自己,多爱别人,如此交换的结果是很多人给予他的爱取代了他一个人给予自己的爱,最终他成了拥有爱的豪富。

**心灵感悟**

清晨醒来后让自己处于一种舒服的状态,温柔地合上双眼。让身体放松,感受身体每一个部位细微的颤动,在内心对自己默念下列句子:愿我充满慈爱,愿我安好,愿我安详自在,愿我快乐。然后让感觉从字句中升起,感受自己正被一颗充满慈爱的心拥抱,不断地重复这些句子,让这些感受渗透进身体和心灵。多日练习后,你也可以把你身边的关心你的人带入默念中,如,愿他充满慈爱,愿他……并重复想象。如此坚持下去,你会因慈悲与爱而充满力量。

## 05　聆听天使的声音

人真正的完美不在于他拥有什么,而在于他是什么。

——王尔德

我们的心里也许时常会有两个声音在争斗。一个是魔鬼的声音,它在贬责我们;而另一个是天使的声音,它在鼓励我们。积极的人生观应该是让自己经常听见天使的声音,激励自己,鞭策自己,向成功的方向不断进发。

当我们遇到困难时,魔鬼的声音也许会出来捣乱。它告诉我们还是放弃吧,退缩吧。如果我们真的放弃了、退缩了,那么我们的人生就很可

117

能因这一念之差而无能终老。所以,与其听魔鬼的声音,而不如听听天使的声音。因为,天使的力量是正义的、无穷的,它会使我们变得自信、坚强、美丽。

观念是潜藏在我们内心深处的另一种生命的萌芽。用天使的声音唤醒它,我们就能走向成功,而用魔鬼的声音唤醒它,我们就容易走向失败。我们的人生路是我们自己决定的。根植于心灵深处的观念和唤醒它的声音都是生命状态的决定因素。多听一听天使的声音,即使你并非天才也将获得与天才同等的待遇而渐成天才。这就是自我激励的伟大之处。而这种伟大之处是需要你自己去争取的。

苏格拉底在风烛残年之际,知道自己时日不多了,就想考验和点化一下他平时看来很不错的助手。

他把助手叫到床前说:"我的蜡所剩不多了,得找另一根蜡接着点下去,你明白我的意思吗?"

"明白,"那位助手说,"您的思想光辉是得很好地传承下去……"

"可是,"苏格拉底说,"我需要一位最优秀的传承者,他不但要有相当的智慧,还必须有坚定的信心和非凡的勇气……这样的人选直到目前我还未见到,你帮我寻找和发掘一位好吗?"

"好的,好的。"助手说,"我一定竭尽全力去寻找。"

那位忠诚而勤奋的助手,不辞辛劳地四处寻找。他领来了许多人,然而,苏格拉底都没看上。助手再次无功而返,回到苏格拉底病床前时,苏格拉底已经病入膏肓了,他拉着那位助手的手说:"真是辛苦你了,不过,你找来的那些人,其实还不如你……"

"我一定加倍努力,"助手恳切地说,"找遍城乡各地,找遍五湖四海,也要把最优秀的人选挖掘出来,举荐给您。"

苏格拉底笑笑,不再说话。

半年之后,苏格拉底眼看就要告别人世,最优秀的人还是没有找到。助手非常惭愧,泪流满面地坐在病床边,语气沉重地说:"我真对不起您,让您失望了!"

第五章 他人的崇拜，是你人生的动力

"失望的是我，对不起的却是你自己。"苏格拉底说到这里，很失意地闭上眼睛，"本来，最优秀的人就是你自己，只是你不敢相信自己，才把自己给忽略、给耽误、给丢失了……其实，每个人都是最优秀的，差别就在于如何认识自己，如何发掘和重用自己……"

是的，我们有时也在犯同样的错误。为什么不能相信自己，给自己一次机会，而把一个个很好的机会拱手让人？难道除了魔鬼的声音，就没有天使的声音在耳畔响起过吗？

### 心灵感悟

我们都已具备了该有的行为意识、能够独立决定自我的品评和定位。客观地认识自己是必要的，但不等于自我否定和自我放弃。而是应该在认识了自身优缺点的基础上，努力完善自己，激励自己，将自己塑造成一个优秀的人。在这整个的塑造过程中，忽略掉那个魔鬼的声音，经常让天使的声音响起，我们就必定会成为一个成功者。

## 06　滚滚的力量，源自友谊的支撑

友谊永远是一个甜柔的责任，从来不是一种机会。

——纪伯伦

友谊对人生是不可缺少的。如果没有友情，生活就不会有悦耳的和声，在没有友谊和仁爱的人群中生活，那种苦闷正犹如一句古代拉丁谚语说："一座城市如同一片旷野。"人们的面目淡如一张图案，人们的语言则不过是一片噪音。真正的友情，不会被欲望与利害的权衡所驱使，因为它是心与心亲密地接触相撞而产生的，有语言所不能表达的强烈的共鸣，它是一种摒弃了其他任何目的的纯信赖的感情。真正的朋友，是能够互相理解、信赖的朋友。假如我们能遇到真正的知己，即使只有一两个，那也将是人生巨大的财富，是生活给予我们的最大的欢乐。

在越南时发生过这样一个故事。

不知是什么军事目的,几发迫击炮弹突然落在了一个小村庄中一所由传教士创办的孤儿院里。传教士和两名儿童当场被炸死,还有几名儿童受了伤,其中有一个小姑娘,大约八岁。村里的人立刻向邻近的小镇要求紧急救援,这个小镇和美军有通讯联系。终于,美国海军的一名医生和护士带着救护用品乘着吉普车赶到了。经过仔细查看,他们确认这个小姑娘伤得最严重,如果不立刻抢救,她就会因为休克和流血过多而死去。

输血迫在眉睫,但得有一个与她血型相同的献血者。经过迅速验血表明,两名美国人都不具有她的血型,而几名未受伤的孤儿却可以给她输血。

医生用掺和着英语的越语,护士讲着仅相当于高中水平的法语,加上临时编出的大量手势,他们竭力想让他们幼小而惊恐的听众知道,如果他们不能补足这个小姑娘失去的血,她一定会死去。他们询问是否有人愿意献血。

他们的要求换来了一阵沉默,每个人都睁大眼睛迷惑地望着他们。过了一会儿,一只小手缓慢而且颤抖地举了起来,但忽然又放了下去,然后又一次举了起来。

"噢,谢谢你,"护士用法语说,"你叫什么名字?"

## 第五章 他人的崇拜,是你人生的动力

"恒。"

叫"恒"的男孩很快地躺在了草垫上,他的胳膊被酒精擦拭了以后,一根针扎进了他的血管。输血过程中,恒一动不动,一句话也不说。

过了一会儿,他突然啜泣了一下,全身颤抖,并迅速用另一只手捂住了脸。"疼吗,恒?"医生问道。恒摇摇头,但一会儿之后,他又开始呜咽,并再一次试图用手掩盖他的痛苦。医生又问他是否针刺疼了他,他又摇了摇头。

但现在,他那不时的啜泣已成为持续不断的低声哭泣,他的眼睛紧紧闭着,用牙咬着他的小拳头,想竭力制止抽泣。

医疗队感到很担心,觉得显然有点不对头。就在此刻,一名越南护士来援助。她看到这位小男孩痛苦的样子,用极快的越语向他询问,听完他的回答,护士用轻柔的声音安慰他。顷刻之后,他停止了哭泣,用疑惑的目光看着那位越南护士。护士向他点了点头,立刻一种消除了顾虑与痛苦的释然表情浮现在他的脸上。

越南护士轻声对两位美国人说:"他以为自己就要死了。他误会了你们的意思。他认为你们让他把所有的血都给这个小姑娘,以便她活下来。"

"但是他为什么愿意这样做呢?"海军护士问。

这位越南护士转过身问这个小男孩:"你为什么愿意这样做呢?"小男孩只回答道:"她是我的朋友。"

我想,没有人奉献的爱比这更伟大的了——他为一个朋友愿意献出自己的生命。

在这个世界上,人人都承认在人生中最为珍贵的就是友情。人们需要友谊,赞扬友谊。友谊是在不知不觉中就走进生活里来的,因此,生活中是不能没有友谊的。人性惧怕孤独,每个人都需要扶助,而亲爱的朋友便是能给你最好扶助的人。珍惜你所拥有的真挚的友谊与真正的爱情,它能使你变得高尚,使生命变得更加充实。一切身外之物都不难得,难得的是一颗相通的心。

### 心灵感悟

要使友谊之树深深扎根,根深叶茂,要得到朋友,需要付出真诚。用真诚相待,才能换来真诚朋友。如果把友谊仅仅局限于两三个人的小圈子里,而不愿与更多的人交往,不仅可能使自己失去与更多的人互相学习、互相交流的机会,而且使自己的视野狭窄,生活内容单调。因此,应该与更多的人交往。

## 07 人生的快乐,是你内心的坦途

能养成习惯看每件事最好的一面,真是千金不换的珍宝。

——约翰生

我们生活中大概90%都进行得很顺利,只有10%是有问题的,如果我们想要快乐,只需集中注意力在那90%的好事上,不去看那10%就可以了。我们每天生活在美丽的童话王国里,但是,我们却看不见,感觉不到。

《时代杂志》有一篇报道,讲到一个军官在关达坎诺受了伤,喉部被碎弹片击中,输了7次血,他写了一张纸条给他的医生,问道:"我能活下去吗?"医生回答说:"可以的。"他又另外写了一张纸条问道:"我还能不能说话?"医生又回答他说可以的。然后他再写一张纸条说:"那我还得担心什么?"医生回答:"你为什么不问自己:'那我还有什么担心?'"生活赋予我们的事情,大概有90%都是对的,只有10%是错的。如果我们要快乐,我们所应该做的就是:集中精神在那90%对的事情上,而不要理会那10%的错误。如果我们想要担忧,想要难过,想要得胃溃疡,我们只要集中精神去想那10%的错事,而不管那90%的好事。

你和我,每一天,每小时,都能得到"快乐医生"的免费服务,只要我们能把注意力集中在我们所拥有的那么多令人难以置信的财富上——那

## 第五章　他人的崇拜，是你人生的动力

些财富远超过阿里巴巴的珍宝。

你愿意把你的两只眼睛卖1亿美元吗？你肯把你的两条腿卖多少钱呢？还有你的两只手、你的听觉、你的家庭？把你所有的资产加在一起，你就会发现你现在所拥有的一切绝不会就此卖掉，即使把洛克菲勒、福特和摩根3个家族所有的黄金都加在一起也不卖。可是我们能否欣赏这些呢？啊，不能的。就像叔本华说的："我们很少想我们已经拥有的，而总是想到我们所没有的。"世界上最大的悲剧在于，想象的痛苦可能比历史上所有的战争和疾病来得多。我得提醒各位，说这句话的人可不是职业性的乐观主义者，事实上，他二十几年来深受焦虑、饥饿、穷困之苦，终于蜕化成为当时最著名的作家与评论家。罗根·史密斯的一句话中包含了许多智慧："人生有两项主要目标，第一，拥有你所向往的；然后，享受它们。只有最具智慧的人才能做到第二点。"

你想知道如何把在厨房洗碗的琐事变成令人兴奋的经验吗？推荐你读一读达尔所著的《我要看！》

这本书的作者是一位几近失明五十年的妇人。她写道："我仅存的一只眼上布满了斑点，所有的视力只靠左侧一点点小孔。我看书时，必须把

123

书举到脸面前,并尽可能靠近我左眼左侧的仅存的视力'区域'。"

但是她并不打算接受怜悯,也不想享受特别的待遇。小时候,她想和小朋友一起玩游戏,可是看不到任何记号,等到其他小朋友都回家了,她才趴在地上辨识那些记号。她把地上画的线完全熟记后,成为玩这个游戏的佼佼者。她在家自修,拿着放大字体的书,靠近脸,近得睫毛都刷得到书页。她修得两个学位:明尼苏达大学的学士及哥伦比亚大学的硕士。

她开始在明尼苏达州一个小村庄上教书,到后来却成为南达柯达州一个学院的新闻文学教授。她在当地任教了十三年,并常在妇女俱乐部演讲,上电台节目谈书籍与作者。她在书中写道:"在我内心深处,始终不能袪除完全失明的恐惧。为了克服这一点,我只有对人生采取开心甚至天真的态度。"

1943年,她已经52岁,却发生了一项奇迹:极富盛名的梅梅育医院的一项手术,使她恢复了比以前好40倍的视力。一个全新的令人振奋的世界展开在她的眼前。即使在水槽边洗碗对她也是一件令人兴奋的事。她写道:"我把手伸进去,抓起一大把小小的肥皂泡沫,我把它迎着光举起来。在每一个肥泡沫里,我都能看到一道小小的彩虹闪出来的明亮色彩。"你和我应该感到惭愧,我们这么多年来每天生活在一个美丽的童话王国里,可是我们却视而不见,吃得再好却不能享受。

**心灵感悟**

每晚睡前找来纸笔,将自身的优点和你认为得意的事分条列出,第二天清晨工作前大声地为自己读一遍。这样做能帮助你从正面认识自我,肯定自我,在积极人生态度的指引下更加自信地去生活。

# 第六章

## 远方,依然有追风的少年

中国有句俗话叫"酒香不怕巷子深",我们一直深信,只要我们有能力就会有用武之地,只要是金子放到哪里都可以发出耀眼的光芒。可是,现在的社会是一个竞争的社会,如果我们在工作中总是缩手缩脚,不敢大胆地表现自己,展现自己的才华,很多建功立业的机会就会与我们擦肩而过,留下不少遗憾,拥有完美的内在虽然很重要,但如果不懂得如何对所拥有的内在加以包装、加以展示,让别人看到你的内在优势,那么,"酒香也会怕巷子深"。

## 01　态度决定你的走向

> 卓越的人的一大优点是：在不利和艰难的遭遇里百折不挠。
>
> ——贝多芬

人生态度就是对待人生的看法和对人生持有的态度，就是把人生看做什么，不同的态度产生不同的人生观和价值观。是游戏人生，是有所作为，是听天由命，是善待他人，还是得过且过？不同的人有不同的人生态度。人的种种行为，是一个人的生命态度的反应。一个人的品质高贵，对于他是清洁工人、科学家还是作家，都没有区别，美好向上的人生态度，是人类希望的源头。

一个好的态度可以让自己开心地工作，也可以让自己开心地生活。耳边经常会听到一些人的抱怨声音，抱怨公司太差、薪水太低、老板太苛刻等等。事实上，再多的抱怨对自己是毫无意义的，只能让自己的心情更

## 第六章 远方,依然有追风的少年

糟糕。其实谁都没有错,错的是自己的态度。有些人遇到问题避而远之,采取消极态度,满腹牢骚;有些人遇到问题正确对待,积极乐观,及时采取应对措施和办法。这两种人对待问题的态度截然不同,所产生的结果也可想而知。

没有人生来就注定成功。李阳小时候是一个很内向的孩子,不敢见陌生人,有人来家里做客他就躲起来不见,更别提说话了。在他十几岁的时候,亲戚朋友都还没有见过他。父亲为了使他克服这种情况,总是逼他做他不愿意做的事。在他上大学的时候,英语特别差,经常不及格,不学又不行,实在被逼得走投无路的时候,不得不打起精神,每天早上都要学习英语。为此,他干脆跑到校园里的烈士亭上放开喉咙大声背诵英语,没想到这倒激发了他的灵感:这样做不仅能集中精力,还容易记住。

他就这样喊了几个星期,居然喊出了信心。胆子也大了,他就去学校的英语角,说出来还像模像样的。

以后只要有时间,李阳就像疯子似的天天在烈士亭上大声朗诵英语,不管刮风下雨,还是沙尘漫天。为了增加自己的胆量,他还把自己装扮得特别另类,在校园里声嘶力竭地说英语。不管别人怎么看他,依旧我行我素。终于他的英语成功了,他用英语给人们演讲,告诉他们怎样突破自我,怎样提高英语能力。尽管演讲让他紧张得直吐气,但还是获得了意想不到的成功。

就这样,他的"疯狂英语"席卷了全国。

一个不敢挑战自我的人,如果经受不住考验,就不可能成功。也只有激起挑战生存困境的勇气和决心,才能战胜自我。

### 1. 好态度意味着好结局

态度决定了主观的一切。有了认真的态度,兢兢业业、一丝不苟,不论是读书、求职、为官、做人,都会有精彩的篇章、完美的结局。因为人都是感性动物,总是先靠感性来做决定,然后再用理智从理论上证明它的正确性。而人无论在什么情况下都会受到感情的左右,尤其是在与别人的交往过程中。在理智与情感的较量中,感情总是会战胜理智。因此最受人们欢迎的人往往也是各个领域内最有影响的人。无论一个人做什么事情,积极的态度和成功都是密不可分的。有一句谚语是这样说的:"决定你成就如何的不是你的能力,而是你的态度。"当一个人成为一个积极而乐观的人以后,人们就会向他打开那些对其他人关闭的机会之门。

2. 做事情要脚踏实地

无论你是一个多么有能耐的人,都必须踏踏实实地走好人生的每一步,绝不能因好高骛远的态度,而给自己增设成功的障碍。心理学家说:"能力是基础,工作态度则是充分发挥能力的保证。以前有很多调查都表明了踏实的工作态度对工作的成功影响是非常大的。"有很多人,虽然个人能力相当出众,但是缺乏踏实做事的意识与心态,往往不能出色地完成工作;相反,有的人虽然个人能力不是很出色,但他们做事非常踏实,反而能够出色地完成工作。

3. 改变不了环境就去适应它

一个人最终能否成功,不在于所处的环境是什么样子,从事什么样的工作,关键是看如何对待环境,如何对待工作。你的态度会直接决定着你的命运。天道酬勤,命运总是掌握在那些勤勤恳恳地工作的人手中,正如优秀的航海员总能驾驭大风大浪一样。人类发展的历史表明,那些伟大的成就通常是由一些平凡的人经过自己的努力取得的。对于勤奋的人,生活总能给他提供足够的机会,并不断进步的。

4. 像恭候成功那样恭候失败

失败和成功一样,是我们每个人生命中必然具备的一部分,失败只不过是暂时的挫折,它是通往成功大道的一级石阶。它告诉我们的是某些方法已经行不通了,而某些方法还没有试过,所以,我们要像恭候成功那样恭候失败。人应该有面对任何问题和困难的勇气,激流勇进,这样才能去战胜困难。积极的思想会产生积极的行动,得到积极的结果;消极的思想会导致消极的行动,得到消极的结果。每个人的态度决定你的前途和命运!任何事情的成败并不在于问题本身,而在于对待问题的态度。

**心灵感悟**

一个人的态度反映了他内心的想法。有积极态度的人始终用最积极的思考,最乐观的精神和最辉煌的经验支配和控制自己的人生。失败者刚好相反,他们的人生是受过去的种种失败与疑虑所引导和支配的。所以我们要学会以积极的态度去面对生活中的事情。

## 02 不同的思维,造就不同的生活

我们思想的质量决定着我们生活之质量,因为生活是思想派生出来的。

——科斯·奥芮烈士

人类强大的力量来自于哪里?与动物相比,人类的身体的构造不具备任何优势:人的手掌,比不上虎豹的利爪;人的眼睛,比不上老鹰眼睛的锐利;人的双脚,追不上奔跑的鸵鸟;人的耳朵,听不见许多小动物都能感知的超声波……人的器官似乎适合做任何事情,然而任何事情都做得不是十分好,至少与某些动物相比是如此。如果仅仅依靠这些平常的器官,不用说征服自然,就连人类自身的生存,也会遇到很大的困难。很显然,人类的神奇力量并非来自肢体,而是来自头脑,来自人类头脑所独有的思维功能。人类的每一种行为,每一种进步,都与自己的思维能力息息相关;离开了思维,人也就不能成其为人了。

1. 养成独立思考的习惯

生命的每一秒钟都离不开问题和决定。思索无处不在,从卧室里床的位置的摆放,到办公桌上没有答复的信件;从获得升迁的方式,到是否把钱存到一个国家银行里;从要不要自己开餐厅,到晚饭吃什么。大概唯一不需要你动用智慧作出决定的时候就是你进入梦乡时。

如果大脑不能将大量资源分配给逻辑能力,你就无法从大量或大或小的判断和选择当中解脱出来,这些资源也将无法为你所用。对某一客观事物,你是如何思考的,你就有什么样的看法,就会得到什么样的结果。事物的本身并不影响人,人们只受对事物看法的影响。积极思维者得到积极的结果;消极思维者得到消极的结果。有什么样的思维方式,就会有什么样的人生走向。

2. 不囿于惯性思维

当你执著于表象,习惯于旧有的思考模式而无法逃脱,走不出一条新路时,何不换个角度来看,为自己的惯性思考加些创意?

古语有"变则通,通则达"的说法,创意是在实践中不断得到提高发展的。学会细心观察,用心观察生活的某个镜头,慢慢地你就会发现世界上的事情总是在变,而能够利用这种变化为自己创造机会、创造成功的人,才会拥有闪亮的人生。例如,怎样使电视看起来更清晰?怎样使沙发坐起来更舒服?怎样使书籍阅读起来更便捷?……需要创新的东西太多,正因如此,创新才使我们的生活变得丰富多彩。

你自己潜在的创造力是一生享用不尽的财富,它可以使你战胜任何困难。这些困难并不一定指你所犯的错误或者遭遇的挫折,它们还包括你不知道如何将事情纳入正轨,或者如何解决的一些困难。多数时候,你知道如何解决汽车抛锚的问题,你也知道如何对付经理布置得几乎不可能按期完成的加班任务。所以说,你也具有创造能力,并具有可以把内心的梦想变为现实的所有能力。

就此而言,创造力是一种最高的力量,或许你对这种力量没有任何概念,但你却会梦到它。创新能力是所有人都具备的能力。那些被认为是有创新能力的人所拥有的创造力其实仅比你多了一点点。

正确的思维是正确行动的前提,推动人生航船的不是帆,而是看不见的"风"。所以,你要学会利用"风"。然而,在碰到问题时,人的惯性思维总是围绕在现有的方法中,黑格尔说过:"人死于习惯。"杜威说过:"人基本上是一种由惯性铸成的动物。"很多时候,人们将惯性归纳为"逻辑",但逻辑就像是一条被许多人所走过的旧路,但它肯定没有办法带你到达另一个新的地方。这个时候,我们就需要改变自己的思维方式了。

有些时候,人之所以被一些问题困扰,其实并不是问题本身有什么难度,而是只从一个角度去看它。只要我们换一个角度去看待问题,那么问题的本质说不定就会清晰地呈现在你的面前。不要坠入"非此则彼""非黑则白"极端思维的陷阱,要明白在极端之间还有一系列的中间状态。

### 心灵感悟

生活中,我们除了要关心"为什么""怎么办"之外,一定要关心"怎么想",从一定意义上说,"你想什么,什么就是你"。

## 03 常规——束缚个性的枷锁

任何个人,在危机来临时,都要想到打破常规。

——林肯

很多人发现机遇是一种偶然,也是一种必然。因为有的人注定一生不能发现机遇,即便机遇就在眼前,而有的人则注定会发现很多机遇,即便机遇离他很远,他一眼便能看见。

这就是平凡者和伟大者的区别。经过分析发现,这种区别在于他们自己的眼光。平凡者的眼光是平凡的,即便看见一些不平常的现象,他们也会习以为常,走马观花匆匆而过。然而就在他习以为常的现象后面,往往躲着他找寻已久的机遇。而对于那些成功者而言就不一样了,即便是一件平凡的事情,在他们眼中都会有不平凡之处,他们能发现藏在这些现象背后的机遇,即便要找寻这个机遇得拐好几个弯,经过一番挫折,他们也不会错过。当一个人处于一种难以解脱的困境或者是在工作中遇到难题时,要善于从原有的思维中跳出来,换一个角度或者是思维重新去考虑问题,寻求解决之道,因为只有你的"心"变了,才能迎来新的曙光。

1. 在他人想不到的地方下工夫

想别人所不能想到的,做别人所不能做到的。以小事为突破口、在细节处下工夫,在别人没有注意到的地方做足了文章,你才能在与别人的竞争中取得优势。

2. 改变思维定式

创新是一个永远不老的话题,创新并不是少数几个天才的权利,每个人都能创新。在细节中创新,就是要敏锐地发现人们没有注意到或未重视的某个领域中的空白、冷门或薄弱环节,改变思维定式,最终将你带入一个全新的境界。想别人没想到的,做别人没做到的,就要求你特别注意工作中的细节。也许某个不经意的举动,就可以使你灵光一现,便有所突破进而前途无量了。

3. 创造而不是等待机遇

机遇不是别人给的,而是自己创造的。精明的头脑不仅可以创造市场机遇,还可以将不利因素转变为有利因素。成功的人善于开动脑筋,从麻烦中,从困难中,从人们不为所重的事情中发现机遇、创造机遇。

人们在一定的环境中工作和生活,久而久之就会形成一种固定的思维模式,我们称之为惯性。思维,也是我们常说的"常规"。常规使人们习惯于从固定的角度来观察、思考事物,以固定的方式来接受事物,它是创新思维的天敌。

每个人都在不同程度地被自己的习惯和一些常规所左右。例如人们上班时总是习惯走一条固定的路线或是乘坐固定的某路公共汽车;出差时喜欢住在自己熟悉的宾馆——道理很简单,因为人们相信经验,害怕改变,担心这种改变会为自己带来不必要的麻烦。但遗憾的是,人们的这种习惯实际上并非最佳的选择。

影响创造性思维的关键因素就在于风险意识的弱化。因为我们做一件事情,如果越富于创造性,承担的风险就会越大,因此在尝试新事物和运用新方法的时候,关键是需要有勇气承担比循规蹈矩更多的风险。但不容忽视的一点是,在很多特定的时期,如果不能打破这种常规,反而会使我们陷入更加危险的境地。因此,我们必须学会冒险、学会应变、学会突破常规,才能找到更为广阔的天空。

### 心灵感悟

成功的路径不只一条,不要循规蹈矩,更不要放弃成功的信心,此路不通,就该换条路试试。敏锐地发现人们没有注意到或未重视的某个领域中的空白、冷门或薄弱环节,改变思维定式,最终将你带入一个全新的境界。

## 04　做自己的经纪人

现实是此岸,理想是彼岸。中间隔着湍急的河流,行动则是架在川上的桥梁。

——克雷洛夫

缓慢氧化和燃烧都属于氧化反应,燃烧是将自己的热情一下全释放出来,表现自己的亮度。如果不能一下子点燃,那就会像缓慢氧化一样,慢慢地消失殆尽,而且是悄无声息的。生命亦如是,如果你想让人看见自己的亮度,那么就燃烧自己吧,不然只会默默无闻地过一生。"表现自己"历来受到人们的反感,名声不佳,在人们的心目当中,它与"名利思想""出风头""往上爬"等东西是紧密联系的,在此观念下,使得一些人不敢表现自己,一谈到表现自己就余悸在心,深怕受到什么不好的评价。为什么人们会这样害怕表现自己呢?这是有着深刻的历史原因的。在传统文化里,人们受到的教育就是要中庸,因而自古便有"行高于众,人心非之"的传统。一个工作平庸、碌碌无为的人,日子可以过得很安逸,因为人缘好,说不定还会有人出来为之评功摆好。而一个勇于开拓、有所作为的人,却往往受人嫉妒,受到闲言碎语的攻击。

然而事实上,在生活中每个人都在通过言论、行动表现自己,绝对不表现自己的人是没有的,只不过是程度的差异而已。只有通过表现自己,才能显示一个人的才能和价值,人的聪明才智,也只有在表现自己的过程中,才能得到实现,否则只能是怀才不遇,终老一生。试想千里马遇到伯乐,若不以洪亮的声音长鸣两声,也许就不会引起伯乐的注意;毛遂若不自荐,不在实践中用自己的唇枪舌剑来展示自己的才华,又怎能建立功勋、青史留名,受到后人的敬仰?人们常说技术是促进社会发展的动力,但如果科学技术工作者都不敢表现自己的才华,有了发明创造也不公之于世,那我们至今恐怕还停留在茹毛饮血、刀耕火种的时代……"世有伯乐,然后有千里马",一匹千里马如果能遇到伯乐那是十分幸运的。但是生活中"千里马常有,而伯乐不常有",这就要求我们应该善于表现自己,勇于表现自己。走进历史的长廊,我们可以看到战国时期的毛遂,三国时的黄忠,还有许许多多的改革家,这些人无不怀有远大抱负,但更让我们佩服的是他们勇于自荐,他们充分相信自己的能力。由于自荐,他们才没有被埋没。

当今社会,敢于表现、善于表现是自身发展的必备条件,现在有些人不理解那些勇于自荐、善于表现的人,说那是"出风头"和"目中无人"的表现。其实这是一种错误的想法,"表现自己",实际上就是将自己的优点和长处充分展示出来,以便得到大家的认可,同时,也在展示过程中,听取大家的客观评价,进一步扬长补短,不断地完善自己。可见,这是一种积极上进的心态和表现。高考中的"状元",辩论场上的高手,文体比赛中的冠军,之所以能从芸芸众生中脱颖而出,能正确地表现自己是他们共同的基本素质。

囿于我们的老祖宗一向崇尚"敏于行而讷于言",崇尚谦虚内敛的处世方式。因此,"酒香不怕巷子深"便也常为人所津津乐道。然而时代不同了,当今的社会已经发生了翻天覆地的变化,原有的处世方式在这个时代已经行不通了。优秀的人才比比皆是,一个人要想在众多人才中脱颖而出,必须有自己的特点,必须善于挖掘自己的优势,并将之宣传出去,让每个人(包括你的领导)都知道。

### 心灵感悟

表现自己有很多种方法,但不管你是按部就班地"炒",还是别出心裁地"炒",目的都只有一个——让自己得到关注。所以,每个人都要善于发现并利用自身的优势和特点,选择适当的时机将自己推销出去,而且,职场中可没有经纪人,那就自己当自己的经纪人吧!

## 05 专业形象,赢得自信和成功

美的事物是永恒的喜悦。

——济慈

在工作中,专业、敬业、权威等方面形象的塑造格外重要,因为树立工作形象即体现着你的工作质量、效率等,在办事中别人也会被你的形象折服。

如果你去问许多成功人士,他们成功的秘诀是什么,恐怕十有八九会回答你这样一句话:"建立一个专业形象。"

美国著名的电影公司——米高梅电影公司一向以严格的专业形象著称。该公司的高级职员一般都要穿深色套装和白衬衫,以至于人们在看到米高梅公司的人时往往会笑着说"瞧!企鹅又来了"。但在演艺界这样一个充满活泼、浪漫色彩的地方,米高梅公司为何做如此古板的规定呢?要知道米高梅公司的总经理可不是一个严肃而缺乏幽默感的人。他之所以要求他的职员这样着装,是因为他知道在大众的心目中"好莱坞人"总是口叼雪茄的商人形象,这些人往往喜欢夸夸其谈,给人以很不老实的感觉。所以米高梅公司试图从衣着上给大众一种稳重的正面专业形象,以消除过去留下的消极影响。这一点在后来被证明非常有效果。

一个人究竟是否专业,常常不是以学位或是工作的时间长短来决定的,而取决于面对面接触时他被人所看到的行为。所以无论如何,到了一

## 第六章 远方，依然有追风的少年

个新环境以后，都要尽快建立起一个固定的专业形象。

因此，在刚开始工作的时候，你每天必须花很多时间来确认自己是不是有一个良好的专业形象。一旦这种形象建立以后，和你一块儿工作的人将会既敬重你，又喜欢你。

在工作中，你就算不能第一个到办公室，也不要当最后一个来的那个人。你要在工作中建立自己的敬业形象，才能受到上司的赞赏。比如在星期一早上，大家总是不约而同地因为交通不好等原因而比平常来得晚，且显得很疲惫，好像让员工星期一工作是件不道德的事。这时如果你能比其他人早到一些，并且穿上显得精神振作的服装，趁别人还没有进办公室之前查查自己私人的电子邮件或整理一下办公桌，让自己提早进入一周的工作状态，跟你那疲惫的姗姗来迟的同事比起来，你的精神显得特别愉快，那么，你当天绝对是最让上司眼睛一亮的员工。

在工作完之后，你就算不能最后一个下班，也不要在所有人都还埋头工作的时候扬长而去。你的工作效率可能真的比别人高，那么应该帮助显然今晚必须要加班的人，问他有什么可以让你帮得上忙的。就算你到头来什么忙都帮不上，光是这一点心意，就够让人感动的了。但是一定要出自诚意，别让你的同事感觉到你在居高临下地对他的工作指手画脚。别忘记只有整个团体的成功，才能让你的优秀表现得更杰出，如果团队里其他人显得灰头土脸，不但不会让上司认为你的能力比其他人高强，反而会觉得你的工作太过轻松，并且没有团队精神的概念。而且如果你第一个离开办公室，第二天却发现你昨天的工作犯了些错误，任何人第一个浮现在脑海里的画面，将是你匆匆忙忙赶着下班的情景，到时候就算浑身是嘴也说不清楚了。

如果你是一个团队领导，个人形象尤其重要，如果一个领导者责任感强，使命感强，全心全意为员工服务，不谋私利，公平待人，善于沟通协调人际关系，又具有鲜明的个性特征和高尚的道德品质，那么他的威信肯定高，影响力肯定强。

领导者的个性和品德可以形成独特的魅力。而魅力对领导者来说，

是一种十分有效的武器，它最能激发员工的想象力，凝聚员工的战斗力，吸引员工的注意力，鼓励员工忠心耿耿地为达到企业目标而努力奋斗。

一些人把魅力误解为个性的产物，其实魅力的形成与领导者个人的品德、能力息息相关。加强道德修养，以德服人，再加上有力的职务权力，那么领导者的影响力就会大大增加，工作水平也会水涨船高。

被下级视为有学问的人可以赢得更多的尊敬和信任。一个获得过博士学位的经理一般来说会比一个大学本科毕业的经理更令人信服。当然，对任何一个人来说，最重要的是真才实学，而不只是文凭。

在知识不断更新的当今社会，在专业化程度要求更高、更深的企业中，对企业管理人员来说，尤其是对高级的领导者而言，不可能面面俱到地掌握和精通所有的专业知识，甚至可以说对大部分的具体工作是不甚了解的。但是，作为领导者，却要时时刻刻地面对那些精通某一专项业务的部门主管，乃至具体的专业人员。如果真的对业务表现得一无所知，对下属的工作无从指导的话，久而久之，下属就会认为你不学无术，你的形象也会在他们心目中大打折扣，威信自然无从谈起，肯定会对你的管理不利。

以能力、才干树立威信比以知识、经验树立威信更重要。以能力树立威信使人信服，以才干树立威信使人佩服。这里的才干主要指领导者的领导决策才能，当然也包括专业技术方面的才能。具备以上的才能，员工会认为你像个领导者,跟着你干绝对没错,于是你就有了感召力、有了威信。

树立一个形象,维护一个人的魅力是使人成功的必备条件。有威信的人的特点一定是与众不同的,他自有一种独特的魅力使人折服,而成为众人的焦点。

长久以来,受到习惯性思维的影响,人们一向以"谦逊"为美德,不习惯大大方方、直接地"宣扬"自己,同时也对他人的"争强好胜之心"存有非议。其实人生是一个发展的过程,它包含着两个相互联系、相互渗透的方面,一个是建构自己,它是指人对自身的设计、塑造和培养;另一个是表现自己,也就是把人的自我价值显化,获得社会的实现和他人的承认。每一个人,都希望自己的工作顺利,业务能力不断提高,工作业绩不断增多,仕途之路一路通畅。但是为什么一样工作的员工,经过一段时间的磨练以后,有的人会脱颖而出,有的人依然原地踏步,有的人却被老板炒了鱿鱼呢?可以肯定的是,这些员工的工作能力并没有太大的差别,基本属于同一水平。

俗话说的好:"能干不如会干,会干不如巧干。"这话仔细琢磨的确是大有深意,不然怎么会有"智慧人生"之说呢?我们每做一件事情都需要经过大脑的思考,想想怎样才能达到最佳效果,然后再去行动,也谓"有的放矢"。如果只凭个人的意愿,由着自己的性子随心所欲,那么结果必然不在自己的掌控之内。另外,如果只想着明哲保身,那么结果也只能是默默无闻而最终被人遗忘。

今天,社会需要更加优秀的人才,竞争激烈,优胜劣汰已经是社会的主旋律,每个人的生存都面临着更加严峻的挑战。当你希望在工作中做出不同凡响的成绩,希望在同事中独树一帜、脱颖而出,则必须先开辟自己的智慧人生。若想成功,必须学会展示自己!勇于展示自己,在当下这个时代尤其重要。

### 心灵感悟

一个人若想有所建树，有所成就，做出点成绩，除了努力拼搏之外，还必须学会展示自己。做一头任劳任怨的老黄牛，这种观念放在当今社会显然已经不适用了，已经被现代的人淡忘或者说被淘汰了。

## 06 目标，永远是远方的灯塔

理想如星辰——我们永不能触到，但我们可以像航海者一样，借星光的位置而航行。

——舒尔茨

在我们所接触的人中，有80%的人不满意他们的生活，但他们心中又缺少一个他们所满意的生活的清晰图样。可以想象那些人终生无目的地漂泊，他们胸怀不满、抱怨、反抗，但是对于自己真正想要什么，并没有一个非常明确的目标。

追求的目标对于年轻人来说，如果他们的愿望和要求不能及时地付诸行动并成为现实，那么就会引起精神上的委靡不振。但是，目标的实现，正像许多人所做的那样，不仅需要耐心地等待，而且还必须坚持不懈地奋斗和百折不挠地拼搏。切实可行的目标一旦确立，就必须迅速付诸实施，并且不可发生丝毫动摇，否则你将一事无成。

举个例子来说吧：

海伦斯无论学什么都是半途而废。他曾经废寝忘食地攻读法语，但要真正掌握法语，必须首先对古法语有透彻的了解，而没有对拉丁语的全面掌握和理解，要想学好古法语是绝不可能的。海伦斯进而发现，掌握拉丁语的惟一途径是学习梵文，因此便一头扑进梵文的学习之中，可这就更加旷日废时了。

海伦斯从未获得过什么学位，他所受过的教育也始终没有用武之地。

但他的先辈为他留下了一些本钱,他拿出10万美元投资办一家煤气厂,可造煤气所需的煤炭价钱昂贵,这使他大为亏本。于是,他以9万美元的售价把煤气厂转让出去,开办起煤矿来。可这又不走运,因为采矿机械的耗资大得吓人。因此,海伦斯把在矿里拥有的股份变卖成8万美元,转入了煤矿机器制造业。从那以后,他便像一个内行的滑冰者,在有关的各种工业部门中滑进滑出,没完没了。

他恋爱过好几次,每一次都毫无结果。他对一位姑娘一见钟情,十分坦率地向她表露了心迹。为使自己配得上她,他开始在精神品德方面陶冶自己。他去一所星期日学校上了一个半月的课,但不久便自动逃遁了。两年后,当他认为问心无愧、无妨启齿求婚之日,那位姑娘早已嫁给了一个愚蠢的家伙。

不久,他又如痴如醉地爱上了一位迷人的有5个妹妹的姑娘。可是,当他上姑娘家时,却喜欢上了女友的二妹。不久又迷上了更小的妹妹。到最后一个也没谈成功。

海伦斯的情形每况愈下,越来越穷。他卖掉了最后一项营生的最后一笔股份后,便用这笔钱买了一份逐年支取的终生年金,以惨淡维持他的后半生。

海伦斯的一生告诉我们:那些对奋斗目标用心不专、左右摇摆的人,对琐碎的工作总是寻找遁辞,懈怠逃避的人注定是要失败的。如果我们把所从事的工作当做不可回避的事情来看待,我们就会带着轻松愉快的心情,迅速地将它完成。有时即使是一个才华一般的人,只要他在某一特定时间内,全身心地投入和不屈不挠地从事某一项工作,他也会取得巨大的成就。福韦尔·柏克斯顿认为,成功来自一般的工作方法和特别的勤奋用功,他坚信《圣经》的训诫:"无论你做什么,你都要竭尽全力!"他把自己一生的成就归功于"在一定时期不遗余力地做一件事"这一信条的实践。

对于我们来说,每个人都有可以成功的特质,许多人的不成功是因为对目标的不明确和不专一,而不是其他原因。你是否现在就能说说你想在生活中得到什么？但是必须注意：不要让你的欲望超出你的能力。因此，确定适合你的目标可能是不容易的，它甚至会包含一些痛苦的自我考验。但无论付出什么样的努力，这都是值得的，因为只要你一说出你的目标，你就能得到许多好处，而且这些好处几乎不请自来。

　　一个人若能热切地设想和相信什么，就能以积极的心态去完成什么。

　　几年前，南卡罗来纳州一个高等学院早早地通知全院学生，一个重要人士将对全体学生发表演说，她是美国社会中的顶级人物。

　　那个学校规模不大，学生和师资相对其他美国的学校稍差一点，因此能邀请到这样一个大人物学生都感到特别兴奋，在演讲开始前的很长时间，整个礼堂就都坐满了兴高采烈的学生，大家都对有机会聆听到这位大人物的演说高兴不已。经过州长的简单介绍后，演讲者步履轻盈面带微笑地走到麦克风前，先用坚定的眼光从左到右扫视一遍听众，然后开口道：

　　"我的生母是个聋子，因此没有办法和人正常地交流，我不知道自己的父亲是谁，也不知道他是否在人间，我这辈子找到的第一份工作，是到棉花田里去做事。"

　　台下的听众全都呆住了，面面相觑，这时，她又继续说："如果情况不尽如人意，我们总可以想办法加以改变。一个人的未来怎么样，不是因为运气，不是因为环境，也不是因为生下来的状况，"她轻轻地重复方才说过的话，"如果情况不尽如人意，我们总可以想办法加以改变。一个人若想改变眼前充满不幸或无法尽如人意的情况，只要回答这个简单的问题：'我希望情况变成什么样？'然后全身心投入，采取行动，朝理想目标前进即可。这就是我，一位美国财政部长要告诉大家的亲身体验，我的名字是阿济·泰勒·摩尔顿，很荣幸在这里为大家作演说。"

　　简短的演说留给人们的却是深深的思考。一个人的出生环境无法改变，但他的未来却可以靠自己谱写，关键是你要一个什么样的未来。为自己设定一个什么样的目标，并付诸行动，用积极的心态去面对可能出现的各种困难，每个人的未来都会很精彩。

## 心灵感悟

在对有价值目标的追求中,坚忍不拔的决心是一切成功的基础。在这个过程中,正是由于各种令人沮丧和危险的磨炼,才造就了天才。而作为成功之保证的与其说是卓越的才能,不如说是对同一个目标的坚持不懈的追求。

## 07 付诸行动,才是实现理想的基石

每个人都有一定的理想,这种理想决定着他的努力和判断的方向。就在这个意义上,我从来不把安逸和快乐看作是生活目的本身——这种伦理基础我叫它猪栏的理想。

——爱因斯坦

德谟斯特斯是古希腊的雄辩家,有人问他雄辩之术的首要是什么?

他说:"行动。"

第二点呢?"行动。"

第三点呢?"仍然是行动。"

人有两种能力,思维能力和行动能力。没有达到自己的目标,往往不是因为思维能力,而是因为行动能力。

我们读过这样一则古文:"蜀之鄙有二僧。"

在四川的偏远地区有两个和尚,其中一个贫穷,一个富有。

一天,穷和尚对富和尚说:"我想到南海去,您看怎么样?"

第二年,穷和尚从南海归来,把去南海的事告诉富和尚,富和尚深感惭愧。

这则耳熟能详的故事,诠释了一个浅显的道理:行动,才是最终达到目的的基石。

克雷洛夫说:"现实是此岸,理想是彼岸,中间隔着湍急的河流,行动

143

则是架在河上的桥梁。"行动才会产生结果。行动是成功的保证。任何伟大的目标,伟大的计划,最终必然落实到行动上。

拿破仑说:"想得好是聪明,计划得好更聪明,做得好是最聪明又最好的。"

永远都是你采取了多少行动决定了你的想法实现的程度,而不是你知道多少。所有的知识必须化为行动。不管你现在决定做什么事,不管你设定了多少目标,你一定要立刻行动。惟有行动才能决定你的价值。

假如你具备了知识、技巧、能力、良好的态度与成功的方法,懂的比任何人都多,但你还是可能不会成功。因为你还必须要行动,一百个知识不如一个行动。

假如你终于行动了,但还不一定会成功,因为太慢了。在现代社会,行动慢,等于没有行动。你只有快速行动,立刻去做,比你的竞争对手更早一步知道、做到,你才有成功的机会。

任何时候,任何地方,你都可以轻易得到任何你所需要的知识与信息,你也会知道昨天晚上,你的竞争对手是否比你多掌握了一些你所不知道的信息。

也许现在的年轻人轻易就可以知道许多人成功的经验,而他们都将是你未来的竞争对手。这些事情在告诉我们：必须掌握时间，立即行动！能够超越你竞争对手的关键，能够帮助你达到目标的关键，能够帮助你占领市场的关键，能够帮助你成功致富的关键，只有一个，快速行动。

失败的主要原因是拖延，失败者的最大弱点是犹豫不决，这些人天天在考虑、在分析、在判断，迟迟下不了决心，总是优柔寡断。好不容易做了决定之后，又时常更改，不知道自己要的是什么。终于决定要实施了，他们第一件事就是拖延，不行动，告诉自己："明天再说""以后再说""下次再做"。这样的人怎么可能成功呢？

因为行动可以改变你的命运，改变我的命运，改变大家的命运，改变整个世界的命运。所以，我们只能用行动去改变一切不良的现状。但我们心里还必须清醒地知道，当我们试图改变的时候，别人也在试图改变。这样，我们只能选择以最快的速度进攻，永远不忘田径场上那一幕幕追赶的画面。

**心灵感悟**

在激烈竞争的商战中，时间是战胜对手的一个重要因素，谁在时间上领先一步，谁就有可能取得节节的胜利。只有做到这一点才能满足新时代的人们的要求，并将你的技术革新变得方便实用，这样，你才会牢牢地占据市场，并以此为动力，不断发展。

## 08 个体永远是沧海之一粟

自认为自己比他人高明的人，主观意识往往很深，往往更容易地伤害到别人而不自知。兴许在一个公司或组织里，他已陷入"可有可无"的境地，却依然怡然自得地自我感觉良好，未曾觉察到一星一点的不对苗头。这样的人离被炒已经为期不远了。

有这样一个故事——身为计算机工程师的朋友在公司人事缩减时被

裁掉,他难过极了。

"我又没有犯什么过错,"他沮丧地问同事们:"经理为什么选择把我裁掉?""大概是你哪里做得不够好。"同事 A 说:"还记得上次他要你支持哪个部门使用计算机,被他逮到你坐在那里没事做?"

"什么我没事做?那时大家刚好都没有问题,我才自己上一下网的,这样为什么不行?我不是照样在一旁待命,有人发问我不也是马上就去?"朋友反驳。

"就是啊!"同事 B 附和,"经理留下来的另一个工程师,那天帮另一个部门的人修计算机,修到整台计算机坏掉,经理没裁她,竟然是裁你,真说不过去!"

"你有冒犯过谁吗?也许是别的部门的人说了你什么坏话。"同事 A 又问。

"会不会是那一次工厂那个无理的厂长不满意你的态度?记得吗?"同事 B 说,"他不会用计算机还自作聪明,后来把自己计算机弄坏了,还将责任推到你身上?"

"但那次经理为我说话,他明白当时是厂长的错。"朋友回答。

他们徒劳无功地讨论了一个多小时,同事 A 终于说:"哎,不服气你去问他嘛。"

"可是,"朋友犹豫了起来,"这样好吗?没看有人这样做过……"

"我也觉得没有必要去自取其辱,"同事 B 附和,"裁员还会有什么理由?何必挑明了让大家尴尬?"

"但是问清楚了,真有错,下次可以做得更好,不是吗?"同事 A 说。

同事 A 的话,朋友回家想了好多天,一直耐不住心里的不满和疑惑,终于决定亲自找经理谈一谈。

"我只是想了解一下这次裁员的原因。我知道这次为了精简公司编制,总得有人给裁掉,但我很难不把裁员的原因和我的表现联想在一起。"朋友将在心里排练好久的话一口气全讲了出来,"如果真的是我的表现不好,请经理指点,我希望有改进的机会,至少在下一个工作上我不会再犯一样的错误。"经理听完他的话,愣了一下,竟露出赞许的眼神,"如果你在过去的这一年都这么主动积极,今天裁的人肯定不会是你。"

这回朋友愣住了,不知所措地看着经理。

"你的工作能力很好,所有工程师里你专业知识算是数一数二的强,也没犯过什么重大过失,唯一的缺点就是主观意识太重。团队中本来每个人能力不一,但只要积极合作,三个臭皮匠就能胜过一个诸葛亮。如果队友中某个不懂得主动贡献,团队总是为了他必须特别费心协调,就算那个人能力再好,也会变成团队进步的阻力。"经理反问他:"如果你是我,你会怎么办?"

"但是我并不是难以沟通的人啊!"朋友反驳。

"是没错。但如果你将自己的态度和同事相比,以10分为满分,在积极热心这方面,你会给自己几分?"经理问。

"我想明白了。"朋友说。原来自己是个可有可无的员工。

"你有专业能力为基础,如果你积极热心,懂得借着合作来运用团队的力量,你的贡献和成就应该会更大。"

接下来的半小时,朋友虚心聆听经理给他的建议。他非常庆幸自己没有假设某个被裁员的原因,躲起来怨天尤人,也很高兴因为积极询问,明白了自己的缺点在哪里。

不仅如此,经理很高兴能看到他如此上进的一面,几天后亲自打电话安排他另一个职位,比原来的工作还好。

### 心灵感悟

我们常常忘了人与人之间最宝贵的资源,就是合作关系——生活的框架告诉我们要保护自己,多做可能多错,热心多会受伤,于是我们宁可自扫门前雪,被动一些,甚至对人漠不关心。一个人可以聪明绝顶、能力过人,但若不懂得藉由积极热心来培养和谐的合作关系,不论多成功都得付出事倍功半的努力。

# 第七章

## 困境与挑战，人生的"风景"

　　生活中渴望成功的人很多，对于这些人来说他们并不是没有机会，也并不是没有资本，他们缺乏的往往是成功最需要的意志力，对于一些人生必经之困难往往缺乏"挺住"精神，因此他们输掉了人生、输掉了世界。人生下来注定要同困难打交道的，或是困难吞没懦夫，或是强者征服困难。生活中会遇到各种困难和烦恼，如果你不能摆脱它，那它总是如影随形，来左右你的生活，使你不能从过去失败的阴影中走出来，去迎接美好的明天。记住，生活中我们遇到的每一个困难和不如意都是一种经历，我们可以从这种经历中提炼经验，使自己成熟起来。

## 01　只有脚踏实地，才能抵达远方

> 从此我不再仰脸看青天，不再低头看白水，只谨慎着我双双的脚步，我要一步一步踏在泥土上，打上深深的脚印！
>
> ——朱自清

无论你是一个多么有能耐的人，都必须踏踏实实地走好人生的每一步，绝不能因好高骛远的态度，而给自己增设成功的障碍。

一个人能否获得成功，其个人能力非常重要。但是，我们经常发现，很多能力尚可的人，却没有获得成功。原因是什么呢？心理学家说："能力是基础，工作态度则是充分发挥能力的保证。很多调查都表明了踏实的工作态度对工作的成功影响是非常大的。"有很多人，虽然能力很出色，但是缺乏踏实做事的意识与心态，往往不能出色地完成工作；相反，有的人虽然个人能力不是很出色，但他们做事非常踏实，反而能够出色地完成工作。

脚踏实地，是一个职场人士所必备的素质，也是实现你加薪升职、成就一番事业的关键因素，自以为是、自高自大、好高骛远，是脚踏实地工作的最大敌人。你若时时把自己看得高人一等，处处表现得比别人聪明，那么你就会不屑于做别人的工作，不屑于做小事、做基础的事。一个做事不够踏实的人，往往会使自己的工作陷入无法自拔的尴尬境地。

道尼斯从学校毕业后，直接进了一家非常有实力的大型企业，他的能力得到了主管的认可。在公司里，他可谓平步青云，没过多久，他自己也成了主管。但是他却有一个致命的缺点：做事不够踏实。有一次，公司交给他一个专案，要他单独完成。虽然这是对他的考验，但也是对他能力的承认，因为其他人的能力不足。他认为这不过是一次简单的工作罢了，也就没有比其他工作更重视。但是，没过多久就传出他被公司处罚的消息。原来，因为他在做决定的时候不够谨慎，所负责的专案出现了严重的差错。以前,他也犯过同样的错误,当时主管看他比较年轻,而且潜力很大,只希望他吸取教训能够改掉。没想到,他现在依然没有改掉这个毛病,终于给公司带来非常大的麻烦。他自己也知道这件事情的结果比较严重,所以主动要求接受处罚,辞去主管职务。他并非能力不足而是做事不够踏实。

因此,职场中的每个人要想实现自己的理想,就必须调整好自己的心态,脚踏实地,从一点一滴的小事做起,从最基础的工作开始,全力以赴,这样会使你越发能干,不断地提高自己的能力,为自己的职业生涯积累雄厚的实力。

那么,在工作中,作为员工就应该从以下几个方面做起:

第一,认真完成自己的工作。无论你是做基础的工作,还是高层的管理工作,都要把自己的全部精力放在工作上,并且任劳任怨,努力钻研。这样才能在工作中逐渐提高自己的业务水平,成为企业不可或缺的人才。

第二,在工作中,拥有一颗平常心,不要因为情绪的波动而影响到工

作的顺利进行。

　　脚踏实地的人,很容易控制自己心中的激情,避免设定高不可攀、不切实际的目标,也不会凭借侥幸去瞎碰,而是认认真真地走好每一步,踏踏实实地用好每一分钟,甘于从基础工作做起,并能时时看到自己的差距。

　　那些自以为聪明,极容易头脑发热,不自量力地承受具有极高难度的工作,脱离自身,没有自知之明的人,结果会输得惨不忍睹,而如果能够正确掂量一下自己有多大的本事,有多少能耐,就不会赤膊上阵做傻事。适当的笨拙可让你遇事三思,分析自己的长处和缺点,权衡利弊之后再动手,并时常拿实力与自信相对比,不逞匹夫之勇,如果冒险了就一定要有所收获。

　　在"聪明人"都不愿意做基础工作时,认真地对待自己的工作。在自己的专业领域里潜心研究、埋头苦干,不要让自己的聪明才智埋没在耍小聪明上。

　　打拼于职场中,重要的是脚踏实地,从最基础的工作做起,"万丈高楼平地起",也只有如此,才能成就一番事业。

　　因此,如果你希望得到老板的重用,就应该踏踏实实地工作,摒弃下面几种有害的想法:

　　第一,凭我的本事,这份工作不值得我去做。

　　每个人都期待自己能够像比尔·盖茨一样成为富人之首。

　　认为从基层做起很丢面子,甚至认为老板对他简直是大材小用。任何事情都有一个发展的过程,目标远大固然不错,但有了目标还要付出努力,如果只空怀大志,而不愿付出努力的话,那一切只能是空中楼阁。

　　第二,工作速度要快,质量勉强应付过去就行了。

　　第三,现在的工作只是跳板,只要完成任务就可以了。即使你目前所做的工作不是你理想的工作或者不适合你,也不可以抱有这种不负责任的想法。你可以把它当做一个学习机会,从中学习处理业务,或者学习人际交往,而认真地做好这份工作,这样不但可以获得很多知识,还为以后

第七章 困境与挑战,人生的"风景"

的工作打下了良好基础。"即使能力有限,我也要承担下此项工作,这样别人就会对我刮目相看。"很多人为了表现自己高人一等,与众不同,而去承担有较高难度的工作,结果反而把工作搞砸。

**心灵感悟**

无论你是一个多么有能耐的人,都必须踏踏实实地走好人生的每一步,绝对不能心浮气躁、这山望着那山高,要认真地做好身边的每一件事,记住,路从脚下始。

## 02　失败只是成功前的一次颠簸

真正的学者真正了不起的地方,是暗暗做了许多伟大的工作而生前并不因此出名。

——巴尔扎克

失败只不过是暂时的挫折,是通往成功的一级阶梯。它会告诉你某些方法已经行不通了,而某些方法还没有试过,你还有机会成功。

在追求成功与开创事业的时候,几乎每个人都不可避免地要遇到失败。其实失败只不过是暂时的挫折,是通往成功的一级阶梯。它会告诉你某些方法已经行不通了,而某些方法还没有试过,你还有机会成功。

美国大发明家爱迪生曾经说:"在困难面前,只有放弃的人才是真正的失败者。"

通常人们被困难击倒的主要原因之一,就是他们自己认为无法抵挡困难,会被困难打败。这就像拳击手上台后发现对手比自己高大强壮就吓晕了一样——你不是被对手击倒的,而是自己把自己打败了!因此我们应该勇敢地向前冲,不去试你怎么知道会失败?就算失败了又怎么样?!

其实,没有人天生就是赢家,他们成功的关键通常在于决定性的一刻:再回到原来的地方去。玛格丽特·米契尔是世界著名作家,她的名著《乱世佳人》享誉世界。但是,这位写出旷世之作的女作家的创作生涯并非我们想象的那样平坦,相反,她的创作生涯可以说是坎坷曲折。玛格丽特·米契尔靠写作为生,没有其他任何收入,生活十分艰辛。最初,出版社根本不愿为她出版书稿,为此,她在很长一段时间里不得不为了生活而处心积虑。但是,玛格丽特·米契尔并没有退缩。她说:"尽管那个时期我很苦闷,也曾想过放弃,但是,我时常对自己说'为什么他们不出版我的作品呢?一定是我的作品不好,所以我一定要写出更好的作品。'"经过多年的努力,《飘》问世了,玛格丽特·米契尔为此热泪盈眶。她在接受记者采访时说:"在出版《飘》之前,我曾收到各个出版社1000多封退稿信,但是,我并不气馁。退稿信的意义不在于说我的作品无法出版,而是说明我的作品还不够好,这是叫我提高能力的信号。所以,我比以前任何时候都努力,终于写出了《飘》。"

个人心理学先驱艾尔费烈德·艾德勒说:"你愈不把失败当做一回事,失败愈不能把你怎么样;只要能保持心态的平和,成功的可能性就愈大。"这是个很有力的建议:连失败都有正面的价值,说不定它还是上帝给予我们的奖赏呢。

成功学大师拿破仑·希尔曾经指出:因为下面这三个原因,失败往往能够转化成成功的基石。第一,失败可以打开新的机遇大门,迎来新的人生机会;第二,失败可以给骄傲的人注入一针清醒剂。第三,失败可以使人知道什么方法是错误的,而成功又需要什么样的方法。基于上面三个原因,我们应该知道,失败带来的逆境并非都是坏事。关键是看人们对失败做出何种反应,它决定着一个人的成败。

### 心灵感悟

人生如战场,试想一下,如果你身临战场,当你遇到困难和敌人时就赶紧后退,其后果如何?把事情做好,把困难解决掉,这不也是一种"作战"吗?在面对困难时只要不回避而是面对它们,它们就不会成为大问题。轻轻地触摸蓟草,它会刺伤你;大胆地握住它,它的刺就碎落了。

## 03 坦然处之,直面生活的纷扰

能解决的事,不必去担心;不能解决的事,担心也没有用。

——西藏谚语

我们每天都在紧张地忙碌着,生活似是被每件事情叠加起来向前奔跑,也许有些人内心深处试图通过做好每一件事情的成就感来填补些什么,然而持续的紧张又会使我们身心疲惫,导致"亚健康"状态。

我们应该善于调整自己的情绪,学会放松自己。而积极地应用你的想象力,将帮助你找到心灵的平静。

有一位成功的商人,虽然赚了几百万美元,但他似乎从来不曾轻松过。

他家中的餐具都是胡桃木做的,十分华丽,有一张大餐桌和六张椅子,但他根本没去注意它们。

他在餐桌前坐下来,但心情十分烦躁不安,于是他又站了起来,在房间里走来走去。他心不在焉地敲敲桌面,差点被椅子绊倒。

他的妻子这时候走了进来,在餐桌前坐下。他说声"你好",一面又用手敲桌面,直到一个仆人把晚餐端上来为止。

他很快地把东西一一吞下,他的两只手就像两把铲子,不断把眼前的晚餐一一铲进口中。

吃完晚餐后,他立刻起身走进起居室去。起居室装饰得富丽堂皇,意大利真皮大沙发,地板铺着土耳其的手织地毯,墙上挂着名画。他把自己投进一张椅子中,几乎在同一时刻拿起一份报纸。他匆忙地翻了几页,急急瞄了瞄大字标题,然后,把报纸丢到地上,拿起一根雪茄——他一口咬掉雪茄的头部,点燃后吸了两口,便把它放到烟灰缸去。

他不知道自己该怎么办。他突然跳了起来,走到电视机前,打开电视机。等到画面出现时,又很不耐烦地把它关掉。他大步走到客厅的衣架前,抓起他的帽子和外衣,走到屋外散步。他这样子已有好几百次了。他在事业上虽然十分成功,但却一直未学会如何放松自己。他是位紧张的生意人,并且把他职业上的紧张气氛从办公室里带回家里。

## 第七章 困境与挑战，人生的"风景"

他没有经济上的问题，他的家是室内装饰师的梦想，他拥有4部汽车，但他却无法放松自己。为了争取成功与地位，他已经付出了自己全部的时间去获得物质上的成就，然而，在他拼命工作、拼命赚钱的过程中，却丢失了自己。

其实，我们在工作时不要总想胜过什么人，而是要满足于眼前的情况，找回自己，但是这并不等同于不思进取，而是不要逼迫自己。因此，当我们在处理问题时，要尽力把事情做好，如果能够达成目标，那自然再好不过。如果我们已经尽力了，而一切事情却不如意时，那么不妨轻松地接受，学会放松自己，我们来到这个世界上是来享受人生的，你的心态现在需要休息，然后它才能发挥作用来协助你。

那么，当你被紧张的情绪困扰时，你不妨积极地应用你的想象力，它将会帮助你很快找到心灵的平静。

你可以坐在你大脑里的戏院里，幻想出令你感到轻松的风景来。

如果你喜欢前往海滩，站在海边看着一望无际的大海，那就去吧——在你脑中。在这些你所喜爱的风景中放松心情，把这些风景的美丽之处一一回想起来，感觉到太阳照在你身上，听着海浪拍打在海岸边，闻着清新、带着咸味的气息。看着头上蓝蓝的天空，听着小孩子在海边玩耍，发出快乐的笑声。觉得自己是大自然的一部分。

如果这样的一个海滩美景能为你带来心灵的平和，你不妨在脑中一再地把它幻想出来，感觉到你就在那儿，心情轻松，没有任何忧虑。不断地幻想这种情景，直到阳光照透了你的全身，把黑暗的思想从你身上逐出。在想象中看清楚每一种细节，把快乐的感觉带回到你身边。

当然，幻想海滩情景只是一个例子。如果海滩的情景并不能让你的心情感到轻松的话，你可以幻想你所喜爱的任何能够让你体验到轻松的风景。不断从事这些练习，并进一步了解你的自我形象的神奇力量，你将改变你的自我形象。你对你自己的形象将觉得更为满意。成为一个幸福的人，你的情绪会变得平静。

> **心灵感悟**
>
> 焦虑是一种正常的情绪状态,当焦虑来时,我们只需觉察它,感受身体的那份躁动、紧张,体会那令人憋闷、发抖的滋味,慢慢的,你会发现有一种觉察包含了焦虑与无惧,同时还有喜悦和信心。

## 04　实力,才是赢得别人尊重你的唯一理由

竭力履行你的义务,你应该就会知道,你到底有多大价值。

——列夫·托尔斯泰

我们每个人都希望得到别人的肯定,都想在工作中得到老板或上级领导的重视。但是,要想得到肯定和重视并不是无条件的,关键是看你有没有实力,也就是说,你得有让老板重视你的资本和理由。

曾经有一个人很不满意自己的工作,他愤愤地对朋友说:"我的老板一点也不把我放在眼里,在他那里我得不到重视。改天我要对他拍桌子,然后辞职。"

"你对于那家贸易公司完全清楚了吗? 对于他们做国际贸易的窍门完全搞通了吗?"他的朋友反问。

"没有!"

"君子报仇三年不晚,我建议你好好地把他们的一切贸易技巧、商业文书和公司组织完全搞通,甚至连怎么排除影印机的小故障都学会,然后辞职不干。"他的朋友建议,"你把他们的公司当成免费学习的地方,什么东西都通了之后,再一走了之,不是既出了气,又有许多收获吗?"

那人听从了朋友的建议,从此便默记偷学,甚至下班之后,还留在办公室研究写商业文书的方法。

一年之后,那位朋友偶然遇到他,说:"你现在大概多半都学会了,可以准备拍桌子不干了吗!"

## 第七章 困境与挑战,人生的"风景"

"可是我发现近半年来,老板对我刮目相看,最近更是委以重任,又升官,又加薪,我已经成为公司的红人了!"

"这是我早就料到的!"他的朋友笑着说,"当初你的老板之所以不重视你,是因为你的能力不足,却又不努力学习;尔后你痛下苦功,担当重任,当然会令他对你刮目相看。只知抱怨老板,却不反省自己的能力,这是人们常犯的毛病啊!"

让老板重视你的最好做法,就是用真本领武装自己。得到别人的肯定,要靠自己的实力去实现。

阿迪斯的学习成绩挺好,毕业后却屡次碰壁,一直找不到理想的工作,他觉得自己得不到别人的肯定,为此而伤心绝望。

怀着极度的痛苦,阿迪斯来到大海边,打算就此结束自己的生命。

正当他即将被海水淹没的时候,一位老人救起了他。老人问他为什么要走绝路。

阿迪斯说:"我得不到别人和社会的承认,没有人重视我,所以觉得人生没有意义。"

老人从脚下的沙滩上捡起一粒沙子,让阿迪斯看了看,随手扔在了地上。然后对他说:"请你把我刚才扔在地上的那粒沙子捡起来。"

"这根本不可能!"阿迪斯低头看了一下说。

老人没有说话,从自己的口袋里掏出一颗晶莹剔透的珍珠,随手扔在了沙滩上。然后对阿迪斯说:"你能把这颗珍珠捡起来吗?"

"当然能!"

"那你就应该明白自己的境遇了吧?你要认识到,现在你自己还不是一颗珍珠,所以你不能苛求别人立即承认你。如果要别人承认,那你就要想办法使自己变成一颗珍珠才行。"阿迪斯低头沉思,半晌无语。

**心灵感悟**

只有珍珠才能自然地把自己和普通石头区别开来。你要得到重视，要出人头地，必须要有出类拔萃的资本才行，这样才算找准了让老板重视自己的关键。

## 05　向着一个目标努力，成功的概率更高

无所不能的人实在是一无所能，无所不专的专家实在是一无所专。

——邹韬奋

学会集中注意力，针对工作目标用心去做。把你需要做的事想象成是一大排抽屉中的一个小抽屉。你的工作只是一次拉开一个抽屉，令人满意地完成抽屉内的工作，然后将抽屉推回去。不要总想着所有的抽屉，而要将精力集中于你已经打开的那个抽屉。

每一位员工都想不断地提升自己，从而达到更高的成功程度。那么，自我提升的最好的方法之一就是跟着自己的工作目标前进。

工作目标犹如一盏阿拉丁神灯，它能帮助我们提升自己的愿望，但是常常有人说："我的麻烦出在没有工作目标。"他的话表明了他不明白工作目标的真实含义，实际上逃避痛苦走向工作快乐就是我们人生的目的。因此，每个人要有工作目标，问题是此目标是否让我们付诸行动。

但同时，我们应牢记：有什么样的工作目标就会有什么样的人生，工作目标对于我们人生就好像播下的种子。因此，如果我们盼望充分发挥潜能，那么就要制订一个宏伟的工作目标。我们不妨一起来看一下富兰克林·罗斯福是如何实现自己的"工作目标"的。

8岁的富兰克林·罗斯福是一个脆弱胆小的男孩，脸上总是显露着惊惧的表情。他呼吸就像喘气一样，在学校里，如果喊他起来背诵课文，

## 第七章 困境与挑战,人生的"风景"

他就会两腿发软,颤抖不已!回答得含混不清,然后就颓丧地坐下来,脸色难看极了。

但是,他从小心中却有一个伟大的梦想——一定要成为伟大的人。这就是他所谓的"工作目标"。

有这一目标,他最后终于摆脱了消极心理的影响,他的缺陷促使他更加努力地去奋斗,他并没有因为同伴对他的嘲笑而失去勇气。

他把喘气的习惯变成了一种坚定的嘶声,他用坚强的意志,咬紧自己的牙床使嘴唇不颤抖而克服恐惧。就是凭着这种精神,凭着对自己未来的心理暗示,保持积极的心态,不断努力奋斗,罗斯福最后终于当上了美国总统。

假如罗斯福只是看到自己身体的缺陷,不去订立目标,那么,他就可能一生不会有什么作为。罗斯福成功的主要因素在于他有明确的奋斗目标,想成为伟大的人物,使他激发起了积极的心态,并朝着这一伟大的目标前进,最终实现了自己的梦想,改变了自己的命运。

有一位叫罗伯特的美国人,是一位拥有出色业绩的推销员,他一直都希望能跻身于最高业绩的行列中。但是一开始这只不过是他的一个愿望,从没真正去争取过。直到五年后的一天,他突然想起了一句话:"如果让目标更加明确,就会有实现的一天。"

他当晚就开始设定自己希望的总业绩,然后再逐渐增加,这里提高5%,那里提高10%,结果顾客却增加了20%,甚至更高,这激发了罗伯特的热情。从此,他不论什么状况,每个交易,都会设立一个明确的数字作为目标,并在二三个月内完成。

罗伯特说:"我觉得,目标越是明确越感到自己对达成目标有股强烈的自信与决心。"他的计划里包括:地位、收入、能力,他把所有的访问都准备得充分完善,相关的业界知识加之多方面的努力积累,终于在第一年的年终,使自己的业绩创造了空前的记录,以后的效果更佳。一旦一个员工拥有了动人的工作目标,再增加一定能成功的信心,也就是已经成功了一半。但是要想获得另一半的成功,尚需付出坚持不懈、锲而不舍的努力,

161

把全部的注意力集中于工作目标之上,直到你实现工作目标为止。

一个人的精力是有限的,把精力分散在几件事情上不是明智的选择。

一些不同领域成功人士的经历对普通员工如何实现自己的目标会有一些有益的启示:李斯特在听过一次演说后,内心充满了成为一名伟大律师的欲望,他把一切心力专注于这项目标,结果成为美国最出色的律师之一。

伊斯特曼致力于生产柯达相机,这为他赚进了数不清的金钱,也为无数人带来了无比的乐趣。海伦·凯勒专注于学习说话,因此,尽管她又聋、又哑,而且又瞎,但她还是实现了她的这个目标。

可以看出,所有出类拔萃的人物,都把某一个明确而特殊的目标当做他们努力的主要推动力。每位员工都有让自己出色的欲望,那么,集中所有的精力和心态去坚持不懈地追求一种值得追求的事业,放弃其他无关的事情,你绝不可能失败。

优秀的员工是那些全力以赴、锲而不舍提升自己的人,他们一锤又一锤地敲打着同一个地方,直到实现自己的愿望。我们这个时代的成功者是那些在自己的领域无所不知,对自己的目标坚定不移,做事专心致志、精益求精的人。"泛而杂"在职业生活中是一个致命的弱点。

## 心灵感悟

在职场的激烈竞争中,如果你能向一个目标集中注意力,便会很快做出成绩,脱颖而出的机会将大大增加。

## 06 甩开"包袱",才能打破现状

每一点滴的进展都是缓慢而艰巨的,一个人一次只能着手解决一项有限的目标。

——贝费里奇

自我束缚不仅表现在客观环境上,也表现在因客观环境而形成的主观意识上,因此打破这种束缚,意味着两种环境的同时改换,只有这样,才能全面地改进自己的做人境界。

有这样一则寓言:小虎鲨在一次去浅海游泳玩耍时被人类捕捉到。

离开大海的小虎鲨还算幸运,被一个研究虎鲨的单位买了去。关在人工鱼池中的小虎鲨虽然不自由,却不愁食物,因为研究人员会定时把食物送到池中。

有一天,研究人员将一片厚玻璃放到池中,把水池隔成两半,小虎鲨看不出来。研究人员把活鱼放到玻璃的另一边,小虎鲨看到鱼后就冲了过去,却撞到玻璃上,痛得头昏眼花,什么也没吃到。小虎鲨不信邪,等了几分钟,看准了一条鱼又冲过去,这次撞得更痛,差点没昏倒,还是吃不到。休息10多分钟之后,小虎鲨饿坏了,这次盯住一条更大的鱼又冲过去。情况没改变,小虎鲨撞得嘴角流血,终究想不通到底是怎么回事。

最后,小虎鲨拼了最后一口气,再冲,仍然被玻璃挡住,撞了个全身翻转,鱼就是吃不到。小虎鲨终于放弃了。

研究人员又来了,把玻璃拿走。

然后,又放进的小鱼在池中游来游去。小虎鲨看着嘴边的美食却不敢去吃,尽管饿得两眼昏花也一直忍着。

在这则寓言中,小虎鲨之所以忍饥挨饿也不去捕食,就是因为它已经形成了一种"不可能"的心理定式。

作为比鲨鱼聪明的人,在这方面我们其实也不比小虎鲨做得更好,一种甘心束缚于现状、路已走到尽头却不知改变生存环境的思维习惯一直束缚着人们。

我们之所以不得不改变,就是为了要打破现状。

我们可以思考一下,什么时候是非得打破现状不可的。

有很多时候,我们会面临一个停滞不前的状况,却怎么也不明白它不前进的原因,因此也就不知道该如何是好。

有些性子急的人,因为无论如何也不能了解自身和环境的状况,不管再怎么想也找不出对策,因而死心断念,甘心停步不前。

我们应该让"我不行啦""不可能啦"等口头禅从我们的口中消失。成天把消极的语言挂在嘴边的人,光是这样唠叨,就已经把自己的志气耗尽了。人的意志力之大,往往是超乎自己想象的。

心理上先抱失败的想法，自然整个人的行为、感觉就会受到影响。这样的情形，是我们不能忽视的事实。

变化之际就是机会出现的时候，今后该如何准备，才能改变自己的现状，这是一个有心改换做人方法、有志改变自己人生的人应首先考虑的问题。

倘若我们在努力挣脱束缚却发现实在难以完成时，应该转变一下思维方式，从另一个角度看一看：这个束缚是不是自己虚设的，是不是已经被打破而自己还认为它仍然存在？我们是不是可以"金蝉脱壳"，从另一条渠道很容易地摆脱它？就像那只小虎鲨，自己原本可以慢慢地游过去，试探着，不致被撞得头破血流而导致心灰意冷，说不定几次试探之后，那道无形的墙已经自动消失了。

### 心灵感悟

激励自己，彻底使自己成为积极进取的人，是十分重要的。习惯性地认为自己"绝对可以胜任""我每天都在成长之中"，正是走向成功、改变自我现状的第一步。

## 07　如果无法突破极限，不妨换一种方式尝试

苦难发展我的这种非凡的作用，不向暴风雨低头，灾难来了，也能处之泰然。

——巴尔扎克

紧张的职业生涯犹如不间断的百米跨栏，一个又一个挑战摆在眼前，起初我们也许可以轻松跨过，但是路程不断加长，栏高不断增加，再强的人也有一个自己无法突破的极限。我们气喘吁吁、精疲力尽，每块肌肉都在宣告"超限疲劳"。

在职业发展过程中，人们常常也会遇到各种各样的所谓的"极限状

态",一时间很难有所突破,并严重地影响自身的职业。他们很努力,可是尽力了觉得还是在勉强维持、举步维艰。这是职业生涯一个关键时刻,我们也许选择停步,在这次竞赛中黯然承认失败;也许力不从心被重重绊倒,伤痕累累;或者,调整速度积蓄精力,努力坚持到底。

每个优秀的运动员都会面对超限疲劳的问题,只有不断超越自己能力极限的人才有可能攀上最高峰,也许在挺过极点之后,重又找回原来轻松自如的竞技状态。你是否已达到你的职业极限负荷,又或者已克服一个又一个极点,还是正在极点上挣扎?小心这一道跨不过的职业百米栏。

吴昆所在的企业是一家以高淘汰率著称的企业。因为这家企业的领导会给每个员工都制定出一个远远超出他能力的目标,然后逼着他不断地向目标前进。近一半的人受不了这种残酷的培养方式,自动或被动地出局了。

一次,领导交给吴昆一项程序设计任务,里面有许多新名词他连见都没见过。吴昆动用了全部的知识储备,甚至临时抱佛脚,打电话回学校向老师请教,买相关的专业书,在短短的时间里硬啃出来。那两个星期几乎没睡过一个囫囵觉,整天脑子里有无数数字在乱蹦。

手忙脚乱地完成这个课题,吴昆长吁一口气,整个人像虚脱了一样。但事情还没完,没过多久,主任慈眉善目地走过来,手里握着一份资料,"吴昆,上次的任务完成得不错,现在又有一个新课题,交给你做,一定要做好呀。"吴昆睁着还没完全褪掉血丝的眼睛,一阵头晕目眩。

极限负荷的极点是"过劳死"。此概念属于社会医学范畴。在日本它被定义为:由于过度的工作负担(诱因),导致高血压等基础性疾病恶化,进而引起脑血管或心血管疾病等急性循环器官障碍,使患者死亡。过去的5年里,日本有几位市长遭遇"过劳死"。

有人统计,日本每年有1万人因过劳而猝死。有调查结果表明,慢性疲劳综合症在城市新兴行业人群中发病率为10%至20%,在某些行业中更高达50%,如科技、新闻、广告、公务人员、演艺人员、出租车司机等。据估计,美国每年有600万人被怀疑患有"亚健康"问题。一项针对上海、无锡、深圳等地对1197名成年人健康状况的调查结果显示,66%的人有多梦、失眠、不易入睡等现象;经常腰酸背痛者为62%;记忆力明显衰退的占57%;脾气暴躁、焦虑占48%。这里有几种应对极限的方法仅供参考。

1. 使自己变强

同样的高度,对有些人来说不可逾越,对有些人来说可以轻松跨过,能力高低是决定因素。充电、在挫折中学习,并向有丰富经验的前辈请教。

2. 改变方向

如果你怎么努力也不能克服眼前障碍,可能不是栏的问题,也不是你的问题,只是你的努力用错了方向。一味钻牛角尖并不是美德,找到更好的方向,你能跑得更远,跨得更高。

3. 暂时休整

人不是铁打的,跑累了一定要休息。如果发现自己出现极限负荷症状,不能掉以轻心,磨刀不误砍柴工,休假去名山大川走走,回老家探探亲友,或去医院做专业治疗,把重心短时从工作中移开。

4. 时刻加油

工作生活再紧张,也要有一定节律,不宜经常晨昏颠倒、一味忙碌。合理安排时间,身体疲累时做按摩、蒸桑拿,心理压力过大时请教心理门诊,将苦闷向亲友倾吐,并培养几项个人爱好,如绘画、书法、演奏、乒乓球等,都可以是紧张情绪的出口。

## 心灵感悟

一个人如果长期处在这种极限状态下,与其死死撑着、透支自己,不如积极地想办法,或退一步海阔天空,或换一种方式……方法总会有的。毕竟从事真正适合自己的工作,才能够长远发展。

## 08　张弛有度,感悟生活

生命如流水,只有在他的急流与奔向前去的时候,才美丽,才有意义。

——张闻天

人活着必须要工作。只有工作才能为社会创造财富;只有工作才能获取谋生手段;只有在工作中,人才能磨炼自己,发展自己。但工作不是生活的全部,生活不是为了工作,而工作是为了生活。如果仅为工作而生活,那我们人就成了异化的对象。正确的人生态度应是:工作时工作,生活时生活,并以享受生活而非拼命工作作为人生的目标。

我们平时在工作的时候,大脑总是处于一种紧张、亢奋的状态,一个工作结束,另一个马上接替上来,周而复始,身体机器超负荷运转,来不及调整,最终以崩溃作为代价。

于是,很多人的工作、生活理念正在悄然发生变化:渴望在工作之余找到一片能使身心放松、压力缓解的"绿洲"。其实,在工作的同时你也可以享受到它的快乐,可以让自己过得轻松愉快。

有张有驰,像音乐一样有节奏感,才会让工作变成悦心的事情,完成后才会有成就感。工作总是无止境的,调整自己的心态很重要,不要把工作当成自己唯一的生活重心,否则心很快就会疲惫,兴趣很快就会消失,如果想到工作后还有上网、听歌、聚会、聊侃,多姿多彩,你会充满希望,轻松应对。在这种放松的状态中,你也许还会思路大开。

真的,放慢脚步,紧张中找些悠闲,保护自己的身心健康,才是最重要的。

因此,无论你平时工作多忙,都不要把自己逼得太紧,也不要活得太累,要有张有驰,这样生活工作才相得益彰。

在条件允许的情况下加强有氧运动,如跑步、骑自行车、游泳等,可使人体发生生理上的一系列变化,从而起到调节情绪的作用。

不要强忍眼泪,而要学会倾诉。研究表明,流泪有助于排除人体在激动和紧张时产生的有害物质。将心中的委屈、压抑、担心和焦虑统统说出来,去说给那些愿意倾听的人们,并且是那些真心实意帮助我们的人。如果难于启齿就把它写下来。总之,只有吐露出那些困扰我们的东西,我们才能感到踏实。

周末的时候,不要从事一些类似工作的活动,这样只会使你更紧张和疲劳。相反,应该努力为自己营造一个"非工作"的情境,如郊游、野餐,或者去参加社区、家庭的文化或创作活动。参与社区服务活动所带来的快乐与价值感,将能够平衡我们在日常工作时所产生的苦闷,让我们活得更快乐。

### 心灵感悟

无论在事业上或是生活上失利,都不必背负太多,要坚信:真正的光明并不是没有黑暗的时间,只是不被黑暗遮蔽罢了;真正的英雄并不是没有卑怯的时候,只是不向卑怯屈服而已。

## 09　失败和挫折,轻轻吟唱的一首歌

不要以感伤的眼光去看过去,因为过去再也不会回来了,最聪明的办法,就是好好对付你的现在——现在正握在你的手里,你要以堂堂正正的大丈夫气概去迎接如梦如幻的未来。

——郎费罗

心理上所说的挫折,是指人们为实现预定目标采取的行动受到阻碍而不能克服时,所产生的一种紧张心理和情绪反应,它是一种消极的心理状态。

在人生漫长的旅途中,由于各种主客观原因,谁都不是一帆风顺、万事如意的,都难免遇到一些困难和失败,甚至饱经风雨和坎坷。一般工作中的不顺利、同事之间的一时误会和摩擦等,固然会引起不良情绪反应,但相对而言,毕竟影响不大。

但严重的挫折会造成强烈的情绪反应,或者引起紧张、消沉、焦虑、惆怅、沮丧、忧伤、悲观、绝望。长期下去,这些消极恶劣的情绪得不到消除或缓解,就会直接损害身心健康,使人变得消沉颓废,一蹶不振;或愤愤不平,迁怒于人;或冷漠无情,玩世不恭;或导致心理疾病,精神失常;也有的可能轻生自杀,行凶犯罪。因此,怎样对待逆境、应付挫折,对于每个人来说都是一次严峻的考验,需要用行动做出抉择和回答。所以我们要正确认识挫折和失败。

挫折是指个人从事有目的的活动时,由于遇到阻碍和干扰,其需要得不到满足时表现出的一种消极情绪状态。生活中的失败挫折既有不可避免的一面,又有正向和负向功能。既可使人走向成熟、取得成就,也可能破坏个人的前途,关键在于你怎样面对挫折。适度的挫折具有一定的积极意义,它可以帮助人们驱走惰性,促使人奋进。挫折又是一种挑战和考验。

首先,挫折帮助你成长。人的成长过程是适应社会要求的过程,如果

适应得好,就觉得宽心和谐;如果不适应,就觉得别扭、失意。而适应就要学会调整自己的动机、追求和行为。学会在不同环境、不同时间、不同对象、不同规范条件下调整行为。

其次,挫折增强你的意志力。心理学家把轻度的挫折比作"精神补品",因为每战胜一次挫折,都强化了自身的力量,为下一次应付挫折提供了"精神力量"。

同时,挫折也有负面效应。在日常生活中,每个人对于挫折的反应并不相同。一方面这决定于对挫折的感情理解。另一方面,感情上的失落比物质上的失落反应激烈。当你追求的目标代表着爱、名誉、地位、尊严时,一旦目标丧失,就会产生不良的心理影响,这是一种负面效应。人在遭遇挫折时,往往会感到缺乏安全感,使人难以安下心来,工作和生活都会受到影响。工作之路不可能是一帆风顺的,随时都可能遇到失败和挫折,给人带来心理上的压力和痛苦。

虽然我们不能避免所有的挫折和失败,但我们却有办法去对付挫折和失败,疏导压力。

1. 倾诉法

就是把自己的心理痛苦向他人倾诉。适度的倾诉,可以将失控力随着语言的倾诉逐步转化出去。倾诉作为一种健康防卫,既无副作用,效果也较好。如果倾诉对象具有较高的学识、修养和实践经验,将会对失衡者的心理给以适当抚慰,鼓起你奋进的勇气,受挫人会在一番倾谈之后收到意想不到的效果。

2. 优势比较法

即去想那些在职场上比自己受挫更大、困难更多、处境更差的人。通过挫折程度的比较,将自己的失控情绪逐步转化为平心静气。其次是寻找分析自己没有受挫感的方面,即找出自己的优势点,强化优势感,从而扩张挫折承受力。认识事物相互转化的辩证法。挫折同样蕴涵力量,可激发人的潜力。

3. 痛定思痛

当自己从挫折中重新站起来之后,应认真审视自己的受挫的过程,多从自身找原因,接受受挫的事实,克服工作中自身存在的问题。

4. 目标法

职场上的挫折干扰了自己原有的工作氛围,毁灭了自己原有的目标,因此,重新寻找一个方向,确立一个新的目标,就显得非常重要。目标的确立,需要分析、思考,这是一个将消极心理转向理智思索的过程。目标一旦确立,犹如心中点亮了一盏明灯,人就会生出调节和支配自己新行动的信念和意志力,从而排除挫折和干扰,向着目标努力。目标的确立标志着人已经从心理上走出了挫折,开始了下一步争取新的成功的历程。

**心灵感悟**

通常成功之路并非一帆风顺,有失才有得,只要我们拥有积极的心态去努力拼一拼,就不会被挫折打倒了。其实,谁都有面临困难与逆境的时候,关键是看我们怎样处理。有些人在逆境中永远消极,做一个永远的失败者;而有些人却能够积极地面对逆境,冲出重围,走向成功。

## 10　用游戏的心态，面对人生

一个尝试错误的人生，不但比无所事事的人生更荣耀，并且更有意义。

——萧伯纳

艾森豪威尔是美国第34任总统，他年轻时经常和家人一起玩纸牌游戏。一天晚饭后，他像往常一样和家人打牌。这一次，他的运气特别不好，每次抓到的都是很差的牌。开始时他只是有些抱怨，后来，他实在是忍无可忍，便发起了少爷脾气。

一旁的母亲看不下去了，正色道："既然要打牌，你就必须用手中的牌打下去，不管牌是好是坏，好运气是不可能都让你碰上的！"

艾森豪威尔听不进去，依然愤愤不平。母亲于是又说："人生就和这打牌一样，发牌的是上帝。不管你手中的牌是好是坏，你都必须拿着，你都必须面对。你能做的，就是让浮躁的心情平静下来，然后认真对待，把自己的牌打好，力争达到最好的效果。这样打牌、这样对待人生才有意义！"

艾森豪威尔此后一直牢记母亲的话，并激励自己去积极进取。就这样,他一步一个脚印地向前迈进,成为中校、盟军统帅,最后登上了美国总统之位。

上帝发的牌总是有好有坏,一味埋怨是没有半点用处的,也无法改变现状。印度前总统尼赫鲁曾经说过这样一句话:"生活就像是玩扑克,发到的那手牌是定了的,但你的打法却取决于自己的意志。"一个人所处的环境靠个人也许无力改变,但如何适应环境则是自己完全可以控制的。人的一生难免会碰上许多问题,遇到无数挫折,在面对问题和挫折时,怨天尤人解决不了任何问题;积极调整好生活态度,勇敢地迎接人生的挑战,并尽最大的努力去做好每一件事,这才是最佳的选择!

在一个春光明媚的日子,许多小孩正在公园里快乐地游戏,其中一个小孩不知绊到了什么东西,突然摔倒了,并开始哭泣。这时,旁边有一位小女孩立即跑过来,别人都以为这个小女孩会伸手把摔倒的小孩拉起来或安慰鼓励她站起来,但出乎意料的是,这个小女孩竟在哭泣着的小孩身边也故意摔了一跤,同时一边看着小孩一边笑个不停。泪流满面的小孩看到这幅情景,也觉得十分可笑,于是破涕为笑,俩人滚在一起乐得非常开心。

游戏本身,就是在不断战胜挫折与失败中获取的一种刺激与欢乐,假如没有挫折与失败,再好的游戏也会索然无味。倘若人们在生活中,也有这么一种积极向上的游戏心态,那么面对失败与挫折,也就不会显得那般沉重和压抑。

人们玩游戏时的心态是寻找乐趣,是带着挑战的心情去面对游戏中的困难与挫折。你面对强大的对手,不断地遭受失败,但越是如此,你愈发玩兴十足。试想,倘若在生活中,也用这么一种不服输的心态,那么失败和挫折就不会那样沉重和压抑了。

### 心灵感悟

我们为何不能将失败与挫折当成一种游戏,以便让痛苦沮丧的心态超然快活起来呢?这样做也许你会发现,失败是游戏的一部分,是走上最高处的一级台阶。

## 11 宽容和放下,是医治创伤的良药

不速之客只在告辞以后才最受欢迎。

——莎士比亚

几年前的一个晚上,比尔游览黄石公园,并与其他观光客一起坐在露天座位上。面对茂密的森林,大家都期待看到森林杀手灰熊的出现,看它走到森林旅馆丢出的垃圾中去翻找食物。骑在马上的森林管理员告诉大家,灰熊在美国西部几乎是所向无敌,大概只有美洲野牛及阿拉斯加熊例外。但比尔却发现有一只动物,而且只有一只,随着灰熊走出森林,而且灰熊还容忍它在旁边分一杯羹,它是一只很臭的鼬鼠。灰熊当然知道只须一掌就能把它毁掉,那它为什么不去做呢?因为经验告诉它划不来。

比尔也发现了这一点。他在农场里长大,曾在围篱旁捉到一只臭鼬,痛苦的经验告诉他两种都不值得碰,扔掉它们是最明智的选择。

当我们对敌人心怀仇恨时,就是付与对方更大的力量来压倒我们,给

对方机会控制我们的睡眠、胃口、血压、健康,甚至我们的心情。如果我们的敌人知道他带给我们多大的烦恼,他一定要高兴死了!憎恨伤不了对方一根汗毛,却把自己的日子弄成了炼狱。

有一位台湾作家曾给我们讲述了这样一个故事:有一个妇人,平时温文有礼,也很懂得持家,常常一大早就在家门口洗衣服,但她有一个不定时发作的毛病:发疯。

她可以黄昏时拿着菜刀、棍子在家门口破口大骂,也可以一大早就如此。刚开始,人们以为那是谁家的广播剧,后来才知道,是这位妇人在发泄情绪。

她最常骂的是"我不甘心。""你这疯人,总有一天有报应。""你去给车撞死。""你怎么可以骗我!"

妇人曾被她所信任的朋友骗过,朋友向她借钱,借了之后就跑了,妇人初期不能接受,但也算平静,十多年后就成了如今这模样。十多年来她不能原谅朋友,将怨气积在心中,将自己积出病来。

有人给宽恕打了一个十分美丽的比喻,他说:"一只脚踩扁了紫罗兰,它却把香味留在那脚跟上,这就是宽恕。"我们常常在自己的脑子里预设了一些规定,以为别人应该有什么样的行为。如果对方违反规定就会引起我们的怨恨。其实,因为别人对我们的规定置之不理,就感到怨恨,是一件十分可笑的事。大多数人都一直以为,只要我们不原谅对方,就可以让对方得到一些教训,也就是说:"只要我不原谅你,你就没有好日子过。"而实际上,不原谅别人,表面上是那人不好,其实真正倒霉的人却是我们自己,一肚子窝囊气不说,甚至连觉都睡不好。没多久就积出病来。

下次觉得怨恨一个人时,闭上眼睛,体会一下你的感觉,感受一下你的身体,你会发现:让别人自觉有罪,你也不会快乐。

讲到这里,你或许会问:如果有人做了非常恶劣的事,我还要原谅他吗?那么再给大家讲一个故事。

1987年1月,一名精神病患者持枪冲进山迪·麦葛利格家,射杀了他三个花样年华的女儿。这场悲剧使山迪陷入痛苦的深渊,几乎没有人能体会他的悲痛与愤怒。

随着时间的流逝,他在朋友的劝慰下体会到,要使自己的生活走上正轨,唯一的办法是抛开愤怒,原谅那名凶手。于是,山迪把所有的时间都用来帮助别人获得心灵的平静及宽恕他人。他的经验可以证明,即使是遭逢巨变所引起的怨恨,在人性中也依然可以释怀。如果你问山迪,他会告诉你,他抛开愤怒是为了自己,为了让自己好好活下去。

令人心碎的事、大病、孤寂和绝望,每个人都难以幸免。失去珍贵的东西之后,总有一段伤心的时期。问题是,你最后到底是变得更坚强还是更软弱?原谅别人,是对待自己最好的方式,因为释放了自己,才能有健康自由的心态。

许多人,他们在疯狂地做出一些错事的时候,就像动物一样是不自知,不自愧,也不知道理的。如果你比他们更有思考力,更知对错,就应可怜他们的不觉醒,就应帮助他们学会达到像你一样的觉悟。深怀这样的悲悯心,还有什么过错不能原谅呢,还有什么别人的失误会使你耿耿于怀,烦恼痛苦呢?

我们也许不能神圣到去爱自己的敌人,但起码应该多爱自己一点,为了我们自己的心情、健康以及容貌,最好能原谅我们的敌人并忘记他们,这才是明智之举。"愤怒是拿别人的过错惩罚自己。"一旦你的心思被仇恨和报复所占据,你将无暇顾及自己的思想和目标,每天只会无谓地消耗自己的精力,把自己弄得精神疲劳,容颜丑陋,却丝毫也不能改变敌人的生活状态,实在是得不偿失。以一种理性的态度去面对自己的敌人,如果你不能原谅他,就试着去忘记他,只有这样,你的生活才会充满乐趣。

**心灵感悟**

生活是现实的,总是在对与错的交错中度过。任何人都不可避免地会犯错误,关键在于犯了错误而不知悔改。只要勇于认错,积极悔改,就不必对过去的错误耿耿于怀。应该学会宽容自己、宽容他人。

## 12　善待身边的人，才能更好地融入到工作之中

> 如果一个人仅仅想到自己,那么他一生里,伤心的事情一定比快乐的事情来得多。
>
> ——马明·西比利亚克

一个员工要想获得老板的赏识,就必须与同事建立良好的人际关系。

在现代职场中,每个员工要想驱动自身的发展,已经不仅仅局限于专业技能的优势,一些新的成功必备条件已经形成,例如,同事之间的关系,它正主宰着你的职场命运。如果你屡屡遭受失败的打击,赶紧静心自省!自己是否与同事保持良好的关系?

一个员工要想获得老板的赏识,就必须与同事建立良好的人际关系,而首先要避免与同事发生矛盾。

同事之间的矛盾具有很大的杀伤力,因此,矛盾发生了之后,要面对现实,积极采取措施去化解矛盾,同事之间仍会有和好如初的可能。

《圣经·马太福音》中说:"你希望别人怎样对待你,你就应该怎样对待别人。"你要坚持善待他人,一点点地改进,过了一段时间后,表面上的问题就会如同阳光下的水,一蒸发便消失了。

如果是深层次的问题,你可以主动找他们沟通,并确认是否是你不经意地做了一些事儿得罪了他们。当然这要在你做了大量的内部工作,且真诚地希望与对方和好后才能这样行动。

他们可能会说,你并没有得罪他们,而且会反问你为什么这样问。你可以心平气和地解释一下你的想法,说明你很看重和他们建立良好的工作关系,也许双方存在误会等。如果你的确做了令他们生气的事儿,而他们又坚持说你们之间没有任何问题时,责任就完全在他们那一方了。

其次,善于为别人留面子。

人人都有自尊心和虚荣感,甚至连乞丐都不愿受嗟来之食,更何况是

原本地位相当、平起平坐的同事。

但很多人却总爱扫别人的兴——当面令同事面子挂不住,以致当面撕破脸皮,互不相让,翻脸成仇。

纵使别人犯了错,而我们是对的,如果不能为别人保留面子,也许会毁了一个人。

汤姆原先在电气部门时,是个一级天才,但后来调入计算部门当主管后,却被发现非其所长,不能胜任。但公司领导不愿伤他的自尊,毕竟他是个不可多得的人才——何况他又十分敏感。于是,当局给了他新头衔:奇异公司咨询工程师——工作性质仍与原来一样——而让别人主管那个部门。

此事汤姆很高兴。奇异公司当局也很高兴,因为他们终于把这位易暴易怒的明星造就成功,而没有引起什么风暴——因为仍让他保留了面子。时时想到保留他人的面子,这是何等重要的问题!

再次,不要加入小帮派。

在公司里,由于你与几位同事合作比较密切,又比较谈得来,于是你们几个人便经常聚在一起。久而久之,你们的情谊越来越深,工作上也只为你们几个人的利益考虑,把公司利益放在一边,甚至为了你们的小集体的事而违反公司的规章制度。就这样,在公司其他同事的眼中,你们形成了一个小帮派。

你可能还在为自己的好人缘而高兴,殊不知,你们此时已经使老板感到不舒服了。只要你仔细观察一下,就能发现老板不喜欢那些搞小帮派的人。如果你与他们走得太近,你可能就会受到牵连,你必须从小帮派中退出来,否则,一旦老板把你当成小帮派的一员打入黑名单,你就会得不偿失,因为老板对小帮派总有不信任感,对小帮派里的人,会有很多顾虑。他会认为小帮派里的员工公私难分,如果提拔了圈内的某个人,而与之关系好的"哥儿们"可能会得到偏爱放纵,对公司的发展不利,对其他员工也不公平。另外,老板会担心小帮派里的人不忠诚,经常聚在一起的人脾气相投,若老板批评其中的某个员工或某个员工与其他同事发生冲突,这几个人会联合起来对付上司,影响公司团结。再说,即使上司想单独给其中某个人嘉奖或发红包,这个人很可能泄露给圈内的朋友,因为红包不是每个人都有的,其他同事知道后,会认为老板不公平。所以,在工作中,你一定要注意,千万不能加入已经形成的小帮派,否则,你在公司里的发展前途就基本结束了。

不搞小帮派并不是反对你与人交往,而是要你在公司里建立起正常和谐的人际关系。良好的人际关系,可以提升你在公司里的名望和地位,赢得领导的赏识,为你的发展铺平道路。

**心灵感悟**

像你希望别人待你那样去对待别人。其实人的一生中大部分时间都是在工作中度过的,处好同事之间的关系既能让我们拥有一个轻松、愉快的工作环境又能不同程度地激发我们潜在的创造力,让你更加激越地投入到每天的工作中去。

## 13　幸福的人生，其实是简单的生活

一生中，最光辉的一天并非功成名就的那一天，而是从悲叹与绝望中产生对人生挑战与勇敢迈向意志的那一天。

——福楼拜

快乐是生活的基调，是人生中最快乐的颜色。无论遭遇什么困难，只要你不顾一切地去拥抱生活、寻求快乐，你就能从痛苦中得到解脱。也只有乐观向上的人，才能理解和享受生活；只有经历痛苦并用快乐遮掩痛苦的人，才能真正地了解生命、热爱生活、快乐生活。这才是自己幸福生活的根源。做任何事情，无论是顺境逆境，都要保持快乐的心态，我们的生活不可能一帆风顺，总会有意外在等着我们。这时，对自己要充满信心，要始终保持一种乐观情绪，学会给自己解压，在困境中鼓励自己。当逆境出现时，相信自己能够掌握自我命运，能够从逆境中走出去，在善对一个个逆境中获得健康、知识、活力与成功，谁都可以拥有一个意义非凡的人生。

1. 追求简单的生活

简单的生活如今已不再是空洞无物、闲谈无味的书本理论了，它作为21世纪新的生活时尚，正逐渐贯穿于每个人的日常家居生活中，并越来越把我们的生活安排得健康纯净、简朴有序。简单生活是人人都向往的生活方式，它也是人们追求的生活，因为它代表一种幸福。简单生活，并不意味着是贫苦、简陋的生活，它是经过深思熟虑之后，过上目标明确的生活，是一种丰富、健康、和谐、悠闲的生活。

2. 微笑面对痛苦，坦然面对不幸

"不以得为喜，不以失为忧"，是一种良好的心态。这种心态的优势是专注于自己的事情，不因一时得失而忧心忡忡或兴奋狂跳。也不要大喜大悲，那样会使我们失去冷静。要以一种泰然处之的心态去面对。生

活是我们的导向,它能把我们从痛苦中引领出来。在沉重的打击面前,需要有处乱不惊的乐观心态。冷静而乐观,愉快而坦然。在生活的舞台上,要学会对痛苦微笑,要坦然面对不幸。

3. 对生活不要苛求太多

人们对事物一味理想化地要求导致了内心的苛刻与紧张,因此,常常不能平和心态,追求完美的同时也失去了很多美好的东西。事物总是循着自身的规律发展,即便不够理想,它也不会单纯,更不会因为人的主观意识而发生改变。这对于人类也一样,我们要顺其自然,不要去强求生活,对待工作亦该如此。建立好心态的意义就是帮助你找到最好的活法,然后顺其自然地努力和奋斗。既不感叹命运也不抱怨时代,当不了大树就当小草,当不了太阳就当星星,当不了江河就当小溪……明白自己该走的路,就会发现生活带给你的幸福与快乐。"幸福的心灵就像良药一样易使病人康复。"把痛苦紧紧抱在怀里念念不忘,会使我们最终被痛苦淹没。"把生活看得太严肃,还有什么价值呢?"歌德曾经说过,"如果早上醒来我们没有感受到新的喜悦,如果夜晚降临没有赋予我们对新的幸福的期望,那么每天的睡觉和醒来还有什么价值呢?今天的阳光照耀在我身上,我应该去认真地感受生活"。

**心灵感悟**

在时光的沙漏里,流出去的沙子永远装不回去。请珍视时光里沙漏中的每一粒沙,选择自己的活法,用一颗容易满足的心,精心装点美好的生活。

# 第八章

## 惬意的人生，属于你我

"你认为你行，你就行"。在遇到困难的时候，找不到前进的方法，此时你所具有的信心将影响你处理问题的效果。只有真正地相信自己，那才是具有信心的表现。凭借这种信心，可以在没有思路时找出思路，在困境中向前突破。反之，若连自己也不再相信自己，我们也就失去了前进的动力。那么即使有潜能也没有机会发挥，未来的发展也就成为了幻影。有句话是这样说的："伟人的必要气质，是他自以为必须伟大起来。"记住：只要相信自己，谁都可以拥有意义非凡的人生。

## 01　思想的高度，决定"命运"的高度

> 如果能追随理想而生活，本着正直自由的精神、勇往直前的毅力、诚实不自欺的思想而行，则定能臻于至美至善的境地。
>
> ——居里夫人

思想是决定一个人贫富的关键问题。贫穷首先是思想上的贫穷。如果一个人多年以来一直陷于贫困，除非有特殊的疾病，或非同寻常的不幸遭遇，否则，一定是他思想有问题。如果身处困境中的人们，立志从黑暗和沮丧的环境中抬起头来，朝着光明和愉快的方向努力，并且立志要脱离困境，就一定能做得到。

人的一生往往注重生命的长度，却忽略了生命的亮度。不管你是凡夫走卒也好，或是达官贵人也罢，每个人都能在有限的生命中，展现无限的自己，别人记住的，不一定是你的头衔或卷标，却一定不会忘记你曾拥有过的精彩。

让别人对你产生敬意的，不会是你的头衔、职业、收入，甚至姓名！其实，这些并不重要，你不妨仔细想想看，过往和你交换过名片的人，你又记得几个？有的人挂了董事长的头衔，有的人是大学教授，有的人号称月入数十万，然而，才一转眼，你就会把这些人全忘得干干净净了。

但是，那些精彩的人物，总是叫你想忘也忘不了，即使事隔多年，你仍然会记得某一位作家的名字，因为，他曾写过一本影响你一生的书；也许，你会怀念一位美容院的设计师，因为，只有她能做出令你满意的发型；又或许，你还会记得某一位曾令你敬佩的师傅，因为，他的言行令你深深的感动。要知道，那些深刻在我们记忆中回旋的，都是具有魅力的精彩人物。生命是一个大于我的存在。我们活着就必须有自己的生活信念、人生宗旨。我们可以追求轰轰烈烈、名垂青史的人生，可以固守"静以致远、淡泊以明志"，甚至还可以遵循老子的"为"想。存在决定价值，我们每个

人都有权利按照自己的意愿去选择所需的生活方式,但你要想改变生活,首先要改变自己的思想。

一个人的思想状况决定了他在生活中的真实情况。我们的命运,完全决定于我们的心理状态。曾经统治罗马帝国的伟大哲学家马尔卡斯·阿理琉士早就说过:"生活是由思想造成的。"

尼采曾说过,受苦的人,没有悲观的权利。贫穷就像一根弹簧,你越压它,它越收缩,你越放松它,它越弹你。贫穷只会在那些懦弱者身上逞威,在强者面前,它毫无功力。

真正的贫穷不在于物质上的贫穷,而在于思想上的贫穷,那些思想上的贫穷者才是真正的贫穷者。如果你不甘贫穷,用你那颗充满激情的心与之作殊死的搏斗,贫穷定会离你而去。如果你被贫穷从思想上占领了,那你只能怨天尤人,以泪洗面,毫无他法了。古人曾说"自古寒屋出公卿",人们崇拜成功者,更崇拜那些从困境中崛起的佼佼者。永不枯竭的心灵,熠熠生辉的成就是对贫穷最好的回报。只有依靠个人的自我奋斗,从贫困中挣扎出来的人们,才会真正了解生命的价值与生活的真正意义。

"我出生在贫困的家庭里,"美国前副总统亨利·威尔逊说道,"当我还是世事无知的孩童时,就已感受到了贫穷的窘迫。我深深体会到,当我向母亲要一片面包而她手中什么也没有时是什么滋味。我承认我家确实穷,但我不甘心,我一定要改变这种情况,我不会像父母那样生活,这个念头每时每刻都缠绕在我心头。从某种意义上说,我一生所有的成就都要归结于我这颗不甘贫穷的心。我要到外面的世界去。在10岁那年我离开了家,当了11年的学徒工,每年可以接受一个月的学校教育。最后,在11年的艰辛工作之后,我得到了一头牛和六只绵羊作为报酬,这是我第一次获得劳动回报。从出生到21岁那年为止,我从来没有在娱乐上花过一个美元,每一美分都是经过精心计算的。我完全知道拖着疲惫的脚步在漫无尽头的盘山路上行走是什么样的痛苦感觉,我不得不请求我的同伴们丢下我先走……在我21岁生日之后的第一个月,我带着一队人进入了一个几乎还没有被开发的原始森林,去采伐那里的木头。每天,我都是在黎明到来之前起床,然后就一直辛勤地工作到满天星星为止。在一个月辛勤努力之后,我获得了6美元作为报酬。当时在我看来这可是一个大数目啊!每个美元在我眼里都跟今天晚上那又大又圆、银光四溢的月亮一样。"

虽然出生在这样贫困的家庭里,虽然面对看上去无法选择和改变的困境,但是威尔逊决不接受贫穷,他抓住了发展自我、提升自我的机会,他抓住每一分钟的时间用来学习和改造自己。虽然他一直在农场里做苦工,很少有机会接触书籍,但是在他21岁之前,他已经设法读了1000本好书。他曾徒步到100里之外的马萨诸塞州去学习皮匠手艺。他在行走的途中经过波士顿,在那里可以看见邦克、希尔纪念碑和其他历史名胜。整个旅行只花了他1美元6美分。他对于知识的渴求并没有因他在钱财上的暂时缺乏而受到阻碍,他想尽一切办法提升自己。一年之后,他已经在一个辩论俱乐部里脱颖而出,成为其中的核心人物了。后来,他在马萨诸塞州的议会上发表了著名的反奴隶制度的演说,在12年之后,他进入了国会。后来,他又当上了副总统。他终于凭借个人奋斗获得了成功,摆脱了原来的贫穷。

当一个人想从自己的思想上开始奋斗,他就是个有价值的人。你改变思想,思想也会改变你,改变你的人生道路,无论是物质上多么贫穷,只要拥有一颗不甘平凡的积极向上的心,肯从思想上改变自己,那么你的目光有多远,路就有多远。

## 心灵感悟

人一旦拥有了这一欲望并经由自我暗示和潜意识的激发后形成一种信念,这种信念便会转化为一种"积极的感情"。它能够激发潜意识,释放出无穷的热情、精力和智慧,进而帮助其获得巨大的财富与事业上的成功。所以,有人把信念比喻为"一个人心理建筑的工程师"。

## 02 在通往成功的路上,成长是灿烂的花开

人生的意义就在这个过程上。你要细细体味这过程中的每节,无论它是一节黄金或一节铁;你要认识每节的充分价值。

——傅东华

这是个崇拜成功的时代,但登上顶峰的人毕竟凤毛麟角。对成功,我们的定义很狭窄,往往感觉付出太多,收获却太少。歌德曾说过:"每个人都想成功,但没想到成长"。成功其实是向某个目标前进的过程,是在表达自己对人生的态度。

成功应该包含两方面的含义。一是社会承认了个人的价值,并赋予个人相应的酬谢,如金钱、地位、房屋、尊重等。二是自己承认自己的价值,从而充满自信、充实感和幸福感。

什么才是成功?比尔·盖茨把成功看成是一种人生态度的成功,而不只是赚了多少钱、成立了多少公司才是成功。价值观念树立正确,人生态度端正,这就是成功的基础。在事业的巅峰,比尔·盖茨拿出大量的资金资助与贫困人群有关的事业,开始了人生另一方向的锻造。比尔·盖茨曾很有感触地说:"我最激动的一刻是有一年到印度去做慈善捐赠的时候,我在印度一个乡下看到了一些医生,他们看到我就非常兴奋地来感谢我——感谢我的理由是因为有了微软的技术,他们能够做远程治疗了,能够救治很多本来救不活的病人。"

比尔·盖茨说到这里时热泪盈眶,他觉得这才证明他真的帮助世界做了一些事情,这一刻他才真正感受到成功。

成功不仅仅是超越他人,而它的意义更在于超越自己。每一次的超越就意味着自身的成长,当一次次超越的积累到一定程度,成功自然就降临了。

有人曾问:"在自然界,谁的力气最大?"有人说是大象,因为它可以把大树连根拔起;也有人说是鲸鱼,它可以顶翻一艘远洋巨轮。而我认为,力气最大的是蚂蚁,可以举起超越它体重的东西。原因很简单:其他动物都在想如何超越别人,而蚂蚁所超越的却是自己。

曾经听过这么一句话,"人生最大的敌人,不是别人,而是自己。"由此可知:只有超越自我,才能成功。漫长的人生路,犹如一条山间的羊肠小道,路上布满石头,荆棘,跨越了这些石头和荆棘,光明,希望就不再遥远。然而,要跨越这些石头,荆棘,并非一件容易的事,只有在跨越中不断超越,超越自我,战胜自我,才是真正的成功。

成功就是生活,是长期的平安、喜乐和幸福的生活。耶稣说,永恒的生命就是对这些成功品质的永久体验。生活中真正需要的东西是看不见的,像平安、和谐、诚实、安全感、幸福。它们来自于人的灵魂深处。思念它们就是在我们心中建立天堂。"只能积攒财宝在天上,天上没有虫子咬,不能锈坏,也没有贼挖窟窿来偷。"

"成功在人生当中只有一两个点,它是外在,由别人去评论;而成长是个持续的过程,是内在,在内心愉悦存在。说起成功,每个人都担心失去,而成长是自己的,虽缓慢成长,但却充满自信。"如果对成功过于迷信,对成功的认识过于狭窄,会活得很辛苦。

"给我一个支点,我就能撬起整个地球",成长便是成功的支点。成功或许是一瞬,但成长却是一段过程,这是成功无法企及的。有时候,我们太注重成功,往往忽视了成长的必要,这是不可取的。"不积小流,无以成江河"人生就是这样一个循序渐进的过程。成功是个巨大的目标和诱惑,试着留意身边的点滴吧,在沉思中你会找到自己人生的支点。

第八章 惬意的人生,属于你我

　　成长是一个持续的过程。今天的成功,只代表现在这个时刻,如果看得远些,就知山外有山,楼外有楼;如果看得长,就知道山高路远、山高路险,面对未来,就没有任何理由骄傲;而在成长的过程中,通过学习,自我提高,才是最实实在在的收获,这种收获远比成功更重要。
　　如果对于一棵树来说,成功是开花结果,是无数人在树下瞻仰其英姿,那么成长则是在成功之前无数的日日夜夜,不为人知地默默吸收阳光、雨露,每天清晨与朝阳对语,傍晚与夕阳道别,在暴风雨中挺着自己的身躯,等待着阳光灿烂。或许,人们会认为,对于树来说,受人瞻仰的岁月是快乐的,但是秋天总会到来,于是,树又要面对成长的岁月,难道它不快乐吗?在不断成长的岁月里,它感受到了吸收营养的充实,感受到搏击风雨后的自豪。没有无数个不为人知的夜晚,没有看似痛苦的成长历程,哪里有繁花似锦?
　　人,亦是如此。在这个个人价值得以释放的时代,每个人都在选择一种成长方式,能够抵达成功,而没有成长,又怎么可能拥有成功?成长对于每一个人来说都意味着思想成熟,行为举止成熟,一切都开始成熟起来,包括日常生活、职场生活,我们从一个任性的小孩慢慢成长,在社会的洗礼下变得坚强,必然会经不起一些风浪的吹打,毕竟我们还不成熟,我们的思想还是那样的稚嫩,还缺乏意志力的磨炼,遇到事情还不能用比较理智的思维去考虑,只是很盲目地去处理。成长对于每一个人来说意味着思想的改变,原本比较单纯的想法,随着成长会成熟起来,包括感情、事业、家庭,我们在每一个阶段都会制定不同的目标,以便能更好地去完成我们的人生规划,有的会比较现实(大多人)而也有些人会为了自己的目标而不顾一切地去追求,随着成长,他们只会更加强烈、坚定不移地去实行,就像爱情一样,随着成长也会改变……

让我们在成长中渐渐成熟起来,在成长中我们寻找属于自己的东西,学会坚强,学会尝试,走向成功。

**心灵感悟**

成长就是一个超越自我的过程,在一次次的超越过程中,人的自身会不断地得到完善和提高。而每一次的自我超越就是一种成功。成功只是成长过程中的一个组成部分,不能为了成功而成功,只有先让自己成长起来,重视自身的成长,成功才不会变成遥不可及的事情。

## 03 改变,是永远不变的主题

很难说什么是办不到的事情,因为昨天的梦想可以是今天的希望,并且还可以成为明天的现实。

——罗伯特

一次火灾事故中,消防队员从废墟中找出了一对孪生兄弟——李勤和李乐。他们是此次火灾中仅生存的两个人。

兄弟俩在这次火灾中被烧得面目全非。弟弟整天对着医生唉声叹气,"自己变成了这个样子以后还怎么去见人,还怎么养活自己?与其赖活着,还不如死了算了。"哥哥努力地劝弟弟说:"这次大火只有我们得救了,因此我们的生命显得尤为珍贵,我们的生活最有意义。"

兄弟俩出院后,弟弟还是忍受不了别人的讥讽偷偷地服了安眠药离开了人世。而哥哥李勤却艰难地生存了下来,无论遇到冷嘲热讽,他都咬

紧了牙关挺了过来,他每次都暗自提醒自己:"我的生命的价值比谁都高贵。"

有一天,李勤在雨中看到不远的一座桥上站着一个人。那个人要自杀,连续三次从桥上跳入河中都被李勤救了起来⋯⋯

谁知,李勤这次救下的人是一位亿万富翁,这个富翁很感激李勤的救命之恩,就和他一起干了事业⋯⋯几年后李勤用自己挣来的钱做了整容。

在相同的境遇下,不同人会有不同的命运。一个人的命运不是由上天决定的。也不是由别人决定的,而是由自己决定的。在人生的风雨之中,我们都难免遭到风吹雨打,但是,我们必须拥有抵抗风雨的勇气与能力。有时候,命运是故意要制造一些风风雨雨来考验我们。所以,我们随时都要有迎接命运考验的准备,并敢于向命运挑战。缺憾应当成为一种促使自己向上的激励机制,而不是一种宽恕和自甘沉沦的理由。

在这个世界上,没有什么事情是不可以改变的,美好、快乐的事情会改变,痛苦、烦恼的事情也会改变,曾经以为不可改变的事,许多年后,人们就会发现,其实很多事情都已经改变了。而改变最多的,就是自己。不变的,只是小孩子美好天真的愿望罢了!心态是我们真正的主人,它能使我们成功,也能使我们失败。同一件事由具有两种不同心态的人去做,其结果可能截然不同。心态决定人的命运,不要因为我们的消极心态而使我们自己成为一个失败者。要知道,成功永远属于那些抱有积极心态并付诸行动的人。你不能左右天气,但你可以改变心情;你不能改变容貌,但你可以展现笑容;你不能控制他人,但你可以掌握自己!

成功需要健康的心态,没有健康心态的成功早晚会出现漏洞,甚至会塌陷。如果我们想改变自己的世界、改变自己的命运,那么首先应该改变自己的心态。只要心态是正确的,我们的世界也会是光明的。改变心态才能改变命运,有良好的心态才会有幸福的人生!

**心灵感悟**

在这个世界上,只有一个人可以改变和决定我们的命运,这个人就是我们自己。自己的命运掌握在自己的手里。

## 04 走出"雾"的误区

一个人的真正价值首先决定于他在什么程度上和在什么意义上从自我解放出来。

——爱因斯坦

雾挡住了太阳,模糊了我们的视野,使人的心情也像雾一样灰暗不明。许多人都因一大早见到雾而郁郁寡欢,但也有的人见到雾反而兴奋不已,因为他知道大自然的雾,日出便消散,雾后是晴天。看见浓雾,他会自语:"很快便要雾散日出。"

而不是一味的心情沉重。同样是雾天,不同的是人的心态,乐观的人看到是雾后的天,悲观的人只见雾、不见天。

换一种心情去看雾,你会减少许多的忧愁和不必要的郁闷;换一种心态对待生活,你会收获许多的快乐。当我们因昨天与朋友闹一场误会而心头茫然时,应该立刻运用沟通的手段,让和解的阳光尽早出现。打个电话,发个短信或电子邮件,送一件包含歉意的礼物……你的所作所为都是天晴前的浓雾,慢慢地雾散了,朋友又回到了你身边。那种愉悦无以言表。

## 第八章 惬意的人生，属于你我

因此无论何时都应该想到雾只是薄薄一层，它后面有个好太阳，又亮又温暖，它会把雾收去，交给世界一个好晴天。

只有拥有阳光般的心态，才会拥有阳光般的生活。

一个人在工作或者生活不开心的时候，内心比较脆弱，所以很容易对他人产生不当的期待。我们时常在这种情绪低落的时候，把我们见到的每一个人都当成是我们的朋友，向他倾诉我们的不幸，并渴望获得安慰与同情。然而，你的每个朋友都愿意听你诉苦吗？

对于每个人来说，随时遭遇无法预料的危机，本身就是一件非常平常的事情。家里小孩生病、至爱亲友死亡、婚姻亮起红灯等，这些大大小小的问题都会使我们压力倍增，心力憔悴，精神疲惫，进而影响我们的情绪，从而使烦恼剪不断，理还乱。

人在遭受挫折的时候，往往会感到非常脆弱，这时候我们一方面需要自我调节，一方面也需要社会支持。所谓自我调节就是要在失望中寻找希望，生活就像一个万花筒，一处一变，我们要对生活的神秘葆有一颗探寻的心，保持积极的心态去体验人生，一切都会过去，雾后总会晴天。对一些自我调节能力差，自控力不强的人来说此时的社会支持很重要。找一些合适的亲人、朋友倾诉一下。要注意千万不要盲目地择人便诉说。

曾经有人说，这个世界上的每一个人都是以自我为中心的，每个人的视角也完全是被自己先天或后天形成的思维定式所左右，所以每个人都有不同的注意力，喜欢把注意力集中在自己感兴趣的事情之上。比如说，你们夫妻最近经常无端的发生口角，你察觉你和你太太的关系已经发生危机。而且也许这个时期又是公司最紧张的时候，你的业务也很繁重。在家庭和业务的压力下，你很容易陷入无奈情绪的陷阱，处于一个相当低落的时期。大多数人在情绪低落的时候，总是希望别人给予关怀，对自己伸出援助之手。所以你在这种情况下，稍不留神就会失去自控力，家庭问题上的苦闷和事业的压力让你急需有人倾听你的感受，帮你发泄心中的郁闷和不满。

仔细想想，这种渴望同情与注意的心理是一种小孩心态。我们都见过这样的画面:许多时候,当一个孩子摔倒以后,他并不是马上张嘴大哭,而是看周围有没有人注意他,如果有人的话,他就会惊天动地哭起来;若没有人,他一般就会无可奈何地爬起来,继续做他的游戏。小孩子的这种把戏会让人觉得可爱好玩,换作一个成年人呢?

不是每个人都是我们可以信赖的朋友,而且每个人都有自己感兴趣的事情,你对他们倾诉一些你自己觉得催人泪下的事情其实并不会博得他们的同情,反而会觉得你小题大做,没能力处理好一些简单事件等。此时只有相交莫逆的朋友才能陪在你身边,倾听你,抚平你心灵的创伤。

大自然的雾消散很快,生活上的雾,在好心态的驱逐下,一样停留不了多久。当心情不好时,想想浓雾散失的过程吧。浓雾天,虽然向上空望不见太阳,但能看见它四周的银环,那是晴天的希望,你只需要想到阳光一定能穿透雾气照射大地,今天一定是个好天气。渐渐地环绕在太阳周围的雾气慢慢淡化,蓝天逐渐显现出来。又过了一会儿,云块飞快地退去,万里无云的天空,闪闪发光的太阳出现在你面前,照亮你的心灵。

一个人的一生要经历很多的挫折和磨难,要经历很多的创伤。但你要深记:每一种创伤,都预示着一种成熟的开始。只有这样的人生,才是最辉煌的;也只有这样的人生才是最有意义的。如果你现在正陷入生命的低谷,不要彷徨,无须害怕,美好的风景就在路口的拐弯处。相信吧:太阳终究会遍洒大地,黎明前的黑暗,只是短暂的瞬间。

### 心灵感悟

舒适地坐下来,想象一下你身边所爱的人,感受一下他们的痛苦乃至全世界人们的贫穷、战争、疾病……吸气时让所有的苦难也一同进入身体,然后随着你安详而喜悦的祝福慢慢呼出,想象祝福的荣光落实到每一个人的身上。重复练习后你会发现你与这个世界的联结更紧密,而你也将活得更加扎实。

## 05 小勇气,可以创造出大成就

高贵的精神是不会停步不前的,它经常使人勇敢而无所畏惧。

——苏霍姆林斯基

美国心理学家斯科特·派克说:不恐惧不等于有勇气;勇气使你尽管害怕,尽管痛苦,但还是继续向前走。在这个世界上,只要你真实地付出,就会发现许多门都是虚掩的!微小的勇气,能够创造无限的成就。

有一个国王,他想委任一名官员担任一项重要的职务,就招集了许多威武有力和聪明过人的官员,想试试他们之中谁能胜任。

"聪明的人们,"国王说,"我有个问题,我想看看你们谁能在这种情况下解决它。不过我有个规定,假如你认为自己有能力做好它,那么就来试试,成功之后,我将重重有赏。但是,如果你不能确信自己可以完成就不要去试,因为不成功那是会杀头的。"国王领着这些人来到一座大门——一座谁也没见过的最大的门前。国王说:"你们看到的这座门是我国最大最重的门。你们之中有谁能把它打开?"许多大臣见了这门都摇了摇头,其他一些比较聪明一点的,也只是走近看了看,没敢去开这扇门。这时一位大臣,走到大门处,用眼睛和手仔细检查了大门,用各种方法试着去打开它。最后,他抓住一条沉重的链子一拉,门竟然开了。其实大门并没有完全关死,而是留了一条窄缝,任何人只要仔细观察,再加上有胆量去开一下,都会把门打开的。国王说:"你将要在朝廷中担任重要的职务,并赏黄金万两,因为你不光限于你所见到的或所听到的,你还有勇气靠自己的力量冒险去试一试。"就这样,这位大臣身任重职,也确实做出了不小贡献。

史东是"美国联合保险公司"的主要股东和董事长,同时,也是另外两家公司的大股东和总裁。

然而,他能白手起家,他创出如此巨大的事业却是经历了无数次磨难的结果,或者我们可以这样说,史东的发迹史也是他勇气作用的结果。

在史东还是个孩子时,就为了生计到处贩卖报纸。有家餐馆把他赶出来好多次,他却一再地溜进去,并且手里拿着更多的报纸。

那里的客人为其勇气所感动,纷纷劝说餐馆老板不要再把他踢出去,并且都解囊买他的报纸。史东一而再再而三地被踢出餐馆,屁股虽然被踢痛了,但他的口袋里却装满了钱。

史东常常陷入沉思,"哪一点我做对了呢?""哪一点我又做错了呢?"

"下一次,我该这样做,或许不会挨踢。"就这样,他用自己的亲身经历总结出了引导自己达到成功的座右铭:"如果你做了,没有损失,而可能有大收获,那就放手去做。"

当史东16岁时,在一个夏天,在母亲的指导下,他走进了一座办公大楼,开始了推销保险的生涯。当他因胆怯而发抖时,他就用卖报纸时被踢后总结出来的座右铭来鼓舞自己。

就这样,他抱着"若被踢出来,就试着再进去"的念头推开了第一间办公室。

他没有被踢出来。那天只有两个人买了他的保险。从数量而言,他是个失败者。然而,这是个零的突破,他从此有了自信,不再害怕被拒绝,也不再因别人的拒绝而感到难堪。

第二天,史东卖出了4份保险。第三天,这一数字增加到了6份……

20岁时,史东成立了只有他一个人的保险经纪社。开业第一天,销出了54份保险单。有一天,他更创造一个令人瞠目的纪录122份。以每天8小时计算,每4分钟就成交了一份。

在不到30岁时,他已建立了庞大的史东经纪社,成为令人叹服的"推销大王"。

推销员,可能是世界上最需要毅力的职业之一。可以说,不经过千百次的被拒绝的折磨,就不能成为一个优秀的推销员。史东有句名言,"决定在于推销员的态度,而不是顾客……"所有的成功者都离不开勇气的支撑,因为太过谨慎而没有勇气去推一扇门,所以你可能与成功擦肩而过。当别人成功时你又会羡慕人家的幸运。事实上,命运也给过你机会,可是你没敢伸手去抓住它,你有什么理由慨叹命运的不公?还是拿出你的勇气,努力抓住每一次机会吧,你的成功在于你自己而不在于命运的安排。

### 心灵感悟

对生命热爱的人,会把苦难看做一种磨砺,在与苦难抗争的同时,人性的光彩愈加鲜明,正如夜晚的灯,黑暗越浓,光明越明亮醒目,而生命更加有意义。

## 06 执着,不可缺失的坚守

意志最主要的行动并不是努力,而是一种允许……以意志的力量去完成一些事实是在加强假我……但是当内心愈来愈自由,意志随着这自由的阶梯往上攀登时,它的行动逐渐变成一种允许,允许神的来临和恩宠的流入。

——托马斯·基廷神父

## 每天学点实用心理学

一直在考虑这样的问题,我们现有的文化一方面在倡导人们要活在此时此刻,保持觉察,安住在生命的不可预知里;一方面又鼓励人们积极进取,用行动取胜,和人生的困境作斗争。那么在面对"存在"与"做"这两个古老议题时,其中的奥秘是什么呢?

肯·威尔伯的著作《恩宠与勇气》给了我们很大的启示。书中详细记录了肯与他新婚不久即发现患有乳癌的妻子一起乐观、顽强地与病魔作斗争的刻骨铭心的经历。在此过程中夫妻二人完成了各自对于生命和灵性的探索与成长。特别是妻子崔雅这个自然而又充满活力的女子,在面对磨难时彻底的开放性和超人的接纳力量让人由衷地钦佩。她在日记中写道,"我们对热情的认识都只限于执著、想要得到某人或某样东西,但是又害怕失去他们,以及强烈的占有欲,等等。如果你没有执著,没有其他那些东西,只有纯粹的热情,你会怎么样?其中的意义又是什么?我想到有时打坐时,突然感觉心开意解,混杂着奇妙的心疼感,那一股巨大的热情是没有对象的。如果把两个词组合便可以比较完整地形容那种状态——热情的静定,意思是对人生的每一个面向都充满热情,对每一个生命都有最深的关怀,但是没有丝毫的执著。这份感觉是充实的、圆满的、完整的,而且充满挑战性……它们非常缓慢而坚定地渗进我生命的每一个层面……"

崔雅说,"打开我的心,一直是我最大的挑战,我应该放下自我保护的欲望,让我的勇气去体验痛苦,如此一来,喜乐才有可能进入。""我愈是能够接受生命的本然,包括所有的哀伤、痛苦、磨难与悲剧,就愈是能够得到内心的安宁。"

在临终前几个月,崔雅在她曾参与草创的"风中之星"癌症基金会的年会上与大家分享她的经验。把她五年的抗癌历程所学到的每一件事都加以浓缩整理,在短短数分钟内阐述得极为完整。其中谈到内在的改变时她说道:

"要谈论与理解外在世界的事是很容易的,但更令我兴奋的是发觉自己内在的改变,借着每一天的灵修,将自己对健康的认知与肉体提升到灵性的层次。

"一旦轻忽这份内心的工作,我发现自己充满危机的人生情境立刻变得恐怖、沮丧、甚至乏味。内心的工作如果一直在进行(我采取折衷的态度,吸纳各门各派的方法),我就能感受到生命的挑战、振奋和深刻的参与感。我发现自己乘坐的这辆癌症的情绪云霄飞车,是我对生命热情逐渐增长时练习静定的好机会。

"学习与癌症为友,学习与提早来临的死亡各痛苦为友,从其中我学会了接纳自己的真相和人生的本然。

"我知道有很多事是我无法改变的,我不能迫使生命有意义或变得公平。我愈是能接受生命的本然,包括所有的哀伤、痛苦、磨难与悲剧,愈是能得到内心的安宁。我发现自己开始和受苦的众生有了非常真实的联结。一股开阔的悲悯之情不断从心中涌现,我想尽我所能持之以恒地提供帮助。

"有一句老话在癌症病患中相当流行:"人生随时都是终点。"如果以这个角度来看,我其实是很幸运的。我常常会注意到那些亡故者的年龄,读报时也注意到那些年纪轻轻就葬身意外的人;我习惯把这些消息剪下来提醒自己。我很幸运能事先得到警讯,因为如此一来,我才有足够的时间机警地过活,我觉得非常感恩。

"因为不能再轻忽死亡,于是我更加用心地活下去。"

## 心灵感悟

"平静的热忱"这种境界有点类似于我国传统文化关于"天人合一"的思想,又有似禅所说的劈柴、挑水。生活中的我们虽然不能像智者一样超脱,却是拥有了太多的执著,对真爱执著,对工作执著,对理想和信念的执著,甚至挤车时人家不小心踩了你一脚你都会借题发挥,和自己过不去,一天都不痛快。其实只要我们放弃头脑中的执念,专注、投入而又满怀热情地活在当下,一个有意义的世界就会从你心里、眼中浮现出来。